AOXI SHUILIAN
PINZHONG JI
GAOXIAO ZAIPEI
JISHU
TUJIAN

澳系睡莲品种及高效栽培技术图鉴

谌 振　杨光穗　黄素荣　主编

中国农业出版社
北 京

图书在版编目（CIP）数据

澳系睡莲品种及高效栽培技术图鉴/谌振，杨光穗，黄素荣主编．—北京：中国农业出版社，2023.8
ISBN 978-7-109-30886-2

Ⅰ.①澳…　Ⅱ.①谌…②杨…③黄…　Ⅲ.①睡莲-品种-图集②睡莲-观赏园艺-图集　Ⅳ.①S682.32-64

中国国家版本馆CIP数据核字（2023）第128302号

中国农业出版社出版
地址：北京市朝阳区麦子店街18号楼
邮编：100125
责任编辑：丁瑞华　黄　宇
版式设计：王　晨　　责任校对：吴丽婷　　责任印制：王　宏
印刷：北京中科印刷有限公司
版次：2023年8月第1版
印次：2023年8月北京第1次印刷
发行：新华书店北京发行所
开本：700mm×1000mm　1/16
印张：6.5
字数：130千字
定价：48.00元

编委会名单

主　　编：谌　振　杨光穗　黄素荣

副 主 编：朱天龙　陈金花　林　妃　奚　良

编写人员：朱天龙　陈金花　李海燕　林　妃　杨光穗
奚　良　郭玉华　黄素荣　谌　振　刘子毓

摄　　影：谌　振　朱天龙

澳系睡莲是睡莲属澳洲睡莲亚属原生种、属内杂交种及其跨亚属杂交品种系列的统称。澳系睡莲花朵巨大、花色美丽，多数品种花瓣呈渐变色，由尖端鲜艳的紫色、红色、粉色、蓝色向中心的白、黄色渐变，极为美丽；部分新品种具备独特的开花特性：花色随开花时间由蓝紫色向红色、黄色变化，园景应用中呈现色彩缤纷的景观；澳系睡莲花梗粗长、开花后期不闭合，瓶插期可达7 d，是热带切花中异军突起的新优种类，应用前景广阔。

本书以图文并茂的形式，对澳系睡莲的起源、分布、分类以及栽培和切花方法等进行了详细的介绍，以期带领读者们领略澳系睡莲独特的魅力。

我国研究睡莲的学者众多，诸多介绍品种和栽培的专著珠玉在前，本书专注于澳系睡莲的介绍，内容或有不妥，敬请读者指正。

本书的出版得到了中国热带农业科学院热带作物品种资源研究所和海南佛渡莲源生态农业有限公司的大力支持。感谢海南省重点研发项目（ZDYF2021XDNY125）“大花多变澳系睡莲新优品种培育鉴选及种苗繁育技术研究与示范”对本书的资助。

编　者

2023年3月

目录 CONTENTS

一、概述

睡莲，又名水百合，为睡莲科睡莲属多年生草本宿根花卉，可分为耐寒睡莲（Hardy waterlily）和热带睡莲（Tropical waterlily）2个生态型、5个亚属。睡莲属植物遍布全球除南极洲外的所有大陆，有50多个种（含变种），园艺品种多达1 000余种。

睡莲属植物依据心皮间分离或融合分为2个大类群（1905，Conard），并根据其他特征进一步分为5个亚属（表1）。

表1　各睡莲亚属名称与开花特征

<table>
<tr><th></th><th></th><th colspan="3">亚属名</th><th>单花花期/d</th><th>开花时间</th><th>雄蕊成熟顺序</th></tr>
<tr><td>1</td><td rowspan="2">离生心皮类</td><td>澳洲睡莲亚属</td><td>缺柱亚属</td><td>subgen. Anecphya</td><td>5 ~ 8</td><td>白天开花型</td><td>自内向外</td></tr>
<tr><td>2</td><td>广热带睡莲亚属</td><td>短柱亚属</td><td>subgen. Brachyceras</td><td>4</td><td>白天开花型</td><td>自内向外</td></tr>
<tr><td>3</td><td rowspan="3">聚合心皮类</td><td>耐寒睡莲亚属</td><td>南非睡莲亚属</td><td>subgen. Castalia 或 Nymphaea</td><td>4</td><td>白天开花型</td><td>自内向外</td></tr>
<tr><td>4</td><td>古热带睡莲亚属</td><td>带柱亚属</td><td>subgen. Lotos</td><td>4</td><td>夜间开花型</td><td>同时成熟：花粉缓慢散出</td></tr>
<tr><td>5</td><td>新热带睡莲亚属</td><td>棒柱亚属</td><td>subgen. Hydrocallis</td><td>2</td><td>夜间开花型</td><td>同时成熟：花粉尽数散出</td></tr>
</table>

我国分布的睡莲属原生种有5个，约占世界总资源的10%。耐寒睡莲亚属3种，白睡莲（*N. alba*）、雪白睡莲（*N. candida*）和睡莲（子午莲，*N. tetragona*）；古热带睡莲亚属1种，柔毛齿叶睡莲（*N. pubescens*）；广热带睡莲亚属1种，延

药睡莲（*N. nouchali*）（表2）。

我国睡莲资源缺乏丰富的花色，其中3个耐寒睡莲均为白色；具有红、蓝、紫色花色的2个热带睡莲仅分布于海南和云南；缺乏黄色种质。因此，历史上我国并未开展睡莲的育种和规模应用，直至20世纪初期从国外引进红色系‘诱惑’和黄色系‘克罗马蒂拉’，其鲜艳的花色很快得到国人喜爱，直至今日依然是我国园林应用最广泛的品种。

表2　中国原产睡莲

序号	中文名	学名	亚属	花色	分布地
1	白睡莲	*N. alba*	耐寒睡莲	白色	河北、山东、陕西、浙江；印度、俄罗斯高加索及欧洲
2	雪白睡莲	*N. candida*	耐寒睡莲	白色	新疆；西伯利亚、中亚、欧洲
3	睡莲（子午莲）	*N. tetragona*	耐寒睡莲	白色	我国广泛分布；俄罗斯、朝鲜、日本、印度、越南、美国
4	柔毛齿叶睡莲	*N. pubescens*	古热带睡莲	蓝紫色	云南南部及西南部、台湾；印度、越南、缅甸、泰国
5	延药睡莲	*N. nouchali*	广热带睡莲	蓝、红色	海南、广西、湖北、广东、云南、台湾、安徽；东南亚

目前，我国睡莲产业发展迅速，2020年睡莲苗市场需求量已达8 000万株以上，较2017年增长1倍有余[1]。从整个水生植物行业来看，苗圃规模0.67万hm^2以上，种苗产值25亿～30亿元，工程应用产值80亿～100亿元，从业人员3万余人[2，3]。

睡莲的育种研究起源于19世纪中叶的欧洲，进入20世纪后逐渐转移到美国。欧美、东南亚国家以及澳大利亚等国家在睡莲杂交及芽变新品种培育研究方面具有150多年历史。目前在国际睡莲学会注册的睡莲新品种总数已达1 000余个，在国际市场上广泛流行的优良品种300多个，而且每年以近百个的速度在递

1　柏吉芳．赏夏日荷花盛景 献党百年华诞[J]. 花木盆景(花卉园艺), 2021(8): 71.

2　陈煜初．水生花卉产业标准编制的思考——解读浙江省地方标准《耐寒睡莲种植养护技术规程》[J]. 花木盆景(花卉园艺), 2022, (8): 20-25.

3　陈煜初，网络发布https://www.sohu.com/a/404680174_120543965.

增。21世纪以来，泰国因其适宜的气候和独特的地理环境条件，在睡莲的育种研究中开始崭露头角。作为泰国睡莲育种事业的开拓者和带头人，泰国睡莲荷花研究中心的睡莲育种家思蓬·瓦松特从1969年至今，育有睡莲品种45个以上[1,2]，其中最著名的‘万维沙’是我国近年最受关注的品种之一。

我国睡莲种质资源规模化引进与利用较晚，20世纪由中国科学院北京植物园、武汉植物园及南京中山植物园引进了一批耐寒睡莲与少量热带睡莲，1999年由黄国振先生自美国引进100多个睡莲品种。

21世纪以来，我国睡莲引种进入高峰期，各科研单位、企业先后从美国、泰国、日本等地引进数百个品种，近几年来涌现出一批睡莲爱好者、从业者，以各种方式引进国际上新育成的品种，极大丰富了我国睡莲品种资源，目前我国保有的睡莲种和品种已超过400个，囊括所有亚属[3]。据不完全统计，目前开展睡莲种质资源收集及研究的研究机构已有100余家。

2023年5月，中国热带农业科学院热带作物品种资源研究所与海南佛渡莲源生态农业有限公司朱天龙先生联合培育的‘春秋’‘蓝蝴蝶’‘繁星’‘夏日天空’‘婚纱’成功获得植物新品种权证书，这也是我国第一批获得新品种权的睡莲新品种。

1　刘义满.泰国睡莲育种历史及技术推广[J].中国花卉园艺,2009(16): 34-35.

2　刘义满, SlearmlarpWasuwat, 柯卫东等.泰国睡莲考察报告[J].中国园艺文摘,2009, 25(3): 120-124.

3　李淑娟,尉倩,陈尘,等.中国睡莲属植物育种研究进展[J].植物遗传资源学报,2019, 20(4):829-835.

二、澳系睡莲简介

澳系睡莲一般指澳洲睡莲亚属原生种、属内杂交种及其跨亚属杂交品种系列，具有很高的观赏、应用、研究价值。澳系睡莲较之其他热带睡莲，具有更好的耐热性、抗病性、花期更长、花色变化更为丰富。多数澳系睡莲品种的花瓣呈渐变色，由尖端鲜艳的紫、红、粉、蓝色向中心的白、黄色渐变，极为美丽；另有部分品种，花色随开花时间由蓝紫色向红色、黄色变化，应用中呈现色彩缤纷的景观，具有极高的观赏价值，可用于高端水景建造、水体净化与修复等。澳系睡莲花朵巨大、自然花期5d以上，与其他睡莲相比，瓶插后期切花花朵不闭合，可延长瓶插期至7d以上，是热带切花中的新优种类。

澳洲睡莲亚属仅分布在澳洲大陆及附近岛屿，与其他亚属睡莲相比，其具备一些独特、易辨识的特性：块茎为球茎，雄蕊极多、镰刀状或称丝状，花梗挺水普遍高于0.5米，大部分种的株型巨大，部分种的叶片长度可达60cm。澳洲睡莲亚属大多结实性强，可以作为很好的杂交亲本，因此近年来涌现出了许多属内杂交种和跨亚属杂交品种，将澳洲睡莲亚属花朵硕大、花色艳丽多变等特点与其他睡莲适应性广、耐寒性好、瓣型美丽等特点结合，形成了产业开发价值巨大的澳系睡莲新品系。

澳洲睡莲是睡莲中较晚被发现和识别的亚属群体，16个原生种中仅4个种发布于1992年以前。目前较多用作育种亲本或直径应用的变色澳洲（*N. atrans*）、卡本塔尼亚（*N. carpentariae*）、永恒睡莲（*N. immutabilis*）分别于1992年、2006

年、1992年被发布。我国对其的认识始于21世纪初期少数育种家和爱好者的引种，近几年来，杨亚涵[1]、潘庆龙[2,3]等人的研究中对澳系睡莲进行了种质资源评价和多样性分析，程哲[4]评价了包含澳系睡莲在内的热带睡莲耐寒性，唐毓玮[5]探讨了澳系睡莲花粉离体萌发和低温保存的可行性，杨亚涵[6]认为变色澳洲睡莲、蓝巨睡莲、'白巨'睡莲、永恒睡莲（澳洲IM睡莲）是适宜广西地区栽培的芳香型睡莲切花优良品种。

---

1 杨亚涵.睡莲种质资源引种评价及遗传多样性分析[D].南宁：广西大学，2019.

2 潘庆龙.热带睡莲种质资源评价[D].海口：海南大学，2022.

3 潘庆龙，付瑛格，谷佳，等.海南引种睡莲表型多样性分析及评价[J].热带作物学报，2021, 42(10): 2777-2788.

4 程哲.热带睡莲品种资源的耐寒性评价[D].南京：南京农业大学，2020.

5 唐毓玮，龙凌云，黄秋伟，等.澳系睡莲花粉离体萌发及低温保存研究[J].热带作物学报，2020, 41(7): 1380-1386.

6 杨亚涵，苏群，田敏，等.桂南地区芳香型睡莲切花优良品种筛选[J].热带农业科学，2019, 39(6): 24-31.

三、澳洲睡莲分类与特征

澳洲睡莲亚属（*Nymphaea* subgen. *Anecphya* Conard）最早于1905年在*Monograph of the Genus Nymphaea*中被描述，现代研究表明其包含16个种（表3）。

表3　澳洲睡莲亚属原生种情况

序号	学名	原产地	发表刊物和时间
1	*N. alexii* S. W. L. Jacobs & Hellq.	澳大利亚昆士兰州	Telopea，2006
2	*N. atrans* S. W. L. Jacobs	澳大利亚昆士兰州	Telopea，1992
3	*N. carpentariae* S. W. L. Jacobs & Hellq.	澳大利亚昆士兰州	Telopea，2006
4	*N. elleniae* S. W. L. Jacobs	澳大利亚昆士兰州，新几内亚岛	Telopea，1992
5	*N. georginae* S. W. L. Jacobs & Hellq.	澳大利亚昆士兰州、北领地州	Telopea，2006
6	*N. gigantea* Hook.	澳大利亚昆士兰州、北领地州、新南威尔士州、西澳州	Bot. Mag，1852
7	*N. hastifolia* Domin	澳大利亚北领地州、西澳州	Biblioth. Bot，1925
8	*N. immutabilis* S. W. L. Jacobs	澳大利亚昆士兰州、北领地州、西澳州	Telopea，1992
9	*N. jacobsii* Hellq.	澳大利亚昆士兰州	Telopea，2011
10	*N. kimberleyensis* (S. W. L. Jacobs) S. W. L. Jacobs & Hellq.	澳大利亚西澳州	Telopea，2011
11	*N. lukei* S. W. L. Jacobs & Hellq.	澳大利亚西澳州	Telopea，2011
12	*N. macrosperma* Merr. & L. M. Perry	澳大利亚昆士兰州、北领地州、西澳州	J. Arnold Arbor，1942
13	*N. noelae* S. W. L. Jacobs & Hellq.	澳大利亚昆士兰州	Telopea，2011
14	*N. ondinea* Löhne, Wiersema & Borsch	澳大利亚西澳州	Willdenowia，2009
15	*N. vaporalis* S. W. L. Jacobs & Hellq.	澳大利亚昆士兰州	Telopea，2011
16	*N. violacea* Lehm.	澳大利亚昆士兰州、北领地州、西澳州，新几内亚岛	Hamburger Garten-Blumenzeitung，1853

1.澳洲睡莲亚属的分组

澳洲睡莲亚属根据种子大小等特征可进一步分为Gigantea Group和Violacea Group，有些学者分别称之为*Anecphya*亚属和*Confluentes*亚属（表4）。

表4　澳洲睡莲亚属内两组差异对比

	Gigantea Group	Violacea Group
雄蕊和花瓣间	明显间隙	无间隙
叶片边缘	有刺	无刺
香味	无或微弱	浓郁
种子大小	大	小

Gigantea组的特征为：雄蕊和花瓣间有明显的间隙；叶子边缘有刺；没有气味或气味微弱；种子较大。代表种有*N. gigantea*、*N. carpentariae*等。

Gigantea组的*N. carpentariae*，国内常译为卡本塔尼亚

Violacea组的特征为：雄蕊和花瓣间没有间隙；叶子边缘没有刺；浓郁香味；种子很小。代表种有*N. violacea*、*N. lukei*等。

Violacea组的*N. violacea*，国内常译为堇色

2.澳洲睡莲亚属雌蕊特点

澳洲睡莲亚属又称为缺柱亚属，与广热带睡莲亚属一起归为离生心皮类。澳洲睡莲亚属常可见鲜艳的心皮外壁。

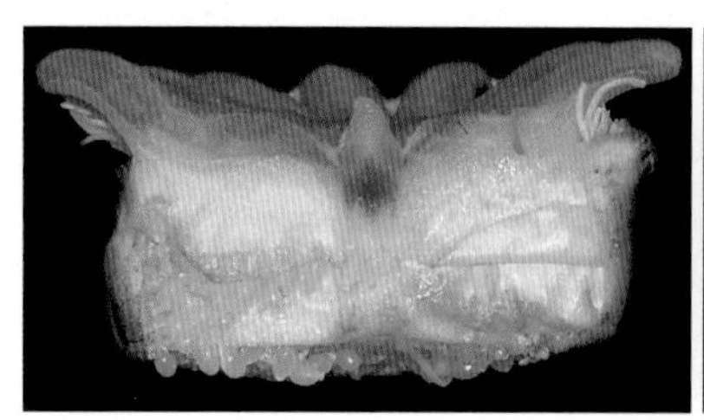
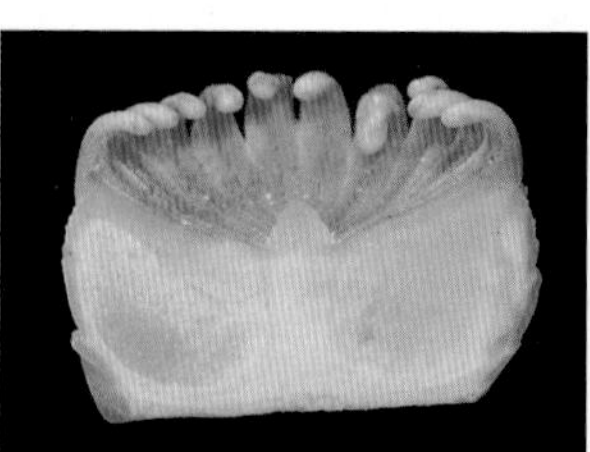
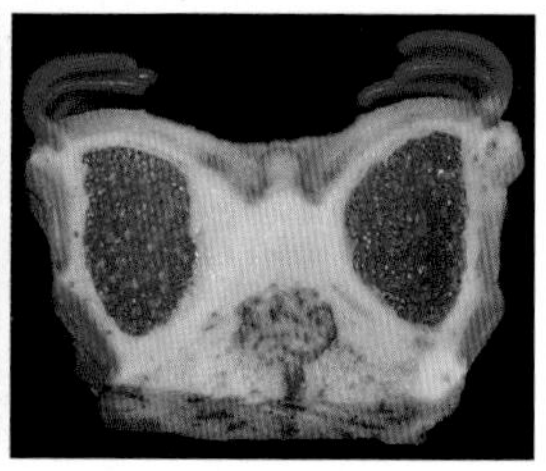

澳洲睡莲亚属（左）、广热带睡莲亚属（中）和古热带亚属（右）雌蕊对比

澳洲睡莲亚属（上）、广热带睡莲亚属（中）的离生心皮和古热带亚属的合生心皮（下）

3.澳洲睡莲亚属雄蕊特点

一般而言，澳系睡莲与其他睡莲通过观察雄蕊即可区分。澳洲睡莲亚属植物及其杂交后代具有独特的镰刀形雄蕊，又称为丝状雄蕊、柄状雄蕊等，其特点为花丝细长、花药囊着生顶部。

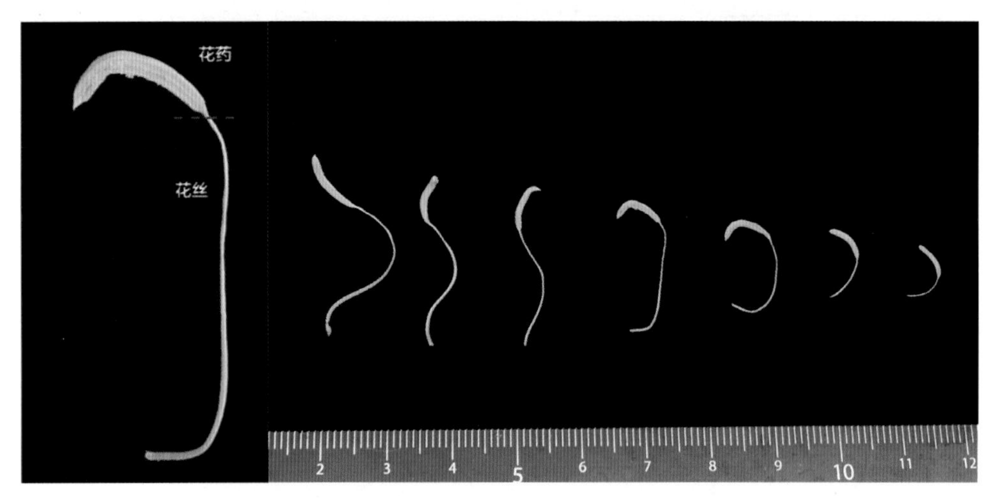

澳洲睡莲亚属特有的镰刀形雄蕊

4.澳洲睡莲不同种的差异

澳洲睡莲亚属相比其他热带睡莲对寒冷更为敏感，是睡莲属植物中应用较晚的亚属。澳洲睡莲亚属植物间相似度较高，曾被认为均是模式种*N. gigantea*的亚种或变种，随着分类学的不断发展，许多新的物种的特性被发掘出来，如*N. immutabilis*的花瓣不会随着开花时间的增加而逐渐褪色、*N. atrans*的花瓣随着开花时间的增加逐渐暗淡至红褐色、*N. macrosperma*的花朵更小且花瓣数较少、*N. violacea*的花瓣和雄蕊间没有间隔等。随着研究者的不断探索，更多的物种将会被发现。

变色澳洲睡莲*N. atrans*

澳洲蓝巨*N. gigantea*

澳洲睡莲‘白巨’*N. gigantea*‘Albert de Lestang’

澳洲IM紫白*N. immutabilis* purple form

澳洲IM蓝白*N. immutabilis* blue form

相比大部分澳洲睡莲原生种，澳洲睡莲与其他亚属的亚属间杂交种（即澳系睡莲）更容易种植，对长日照和高水温的需求更低。亚属间杂交的澳系睡莲保留了澳洲睡莲花朵的分类特征：镰刀形雄蕊、碗状或近碗状花型，同时具有花期长、易于种植和繁殖、短而坚挺的花柄能避免花朵在风雨中倒伏等优点，也是近年来澳系睡莲在国际水生植物市场活跃起来的主要原因。

四、澳系睡莲种质资源评价体系

对澳系睡莲种质资源评价工作主要关注叶片、叶柄、花、花梗、萼片、花瓣、雄蕊、雌蕊等表观性状的关键特征（表5）。

表5 评价数据采集表

部位	项目	部位	项目
植株	1株叶展幅度	叶柄	18茸毛
	2根状茎类型		19颜色
叶片	3形状	花	20开花习性（仅热带睡莲）
	4直径		21花蕾形状
	5叶片有无胎生（非澳系睡莲评价项）		22伸出水面的状态
	6叶缘形态		23每株同时开花数量
	7基部裂片离合程度		24形态
	8裂缺开张情况（仅裂片呈倒V形的品种）		25直径
	9裂缺远基端形状		26香味
	10上表面质地	花梗	27茸毛
	11上表面颜色种类		28颜色
	12上表面主色	萼片	29枚数
	13上表面次色		30形状
	14上表面次色占比		31质地
	15下表面主色		32外侧主色
	16下表面颜色种类		33内侧颜色
	17下表面次色图案	花瓣	34数量

（续）

花瓣	35 先端形状 36 颜色数量 37 外层花瓣形状 38 内侧主色 39 内侧次色图案	雌蕊	48 心皮类型 49 心皮附属物颜色
		果实	50 结实性 51 形状 52 颜色
雄蕊	40 类型 41 瓣化 42 附属物颜色 43 数量	种子	53 大小 54 形状 55 颜色
		抗性	56 耐水深程度 57 叶斑病情况 58 耐热性
雌蕊	44 柱头盘颜色 45 柱头盘凹陷程度 46 中轴突颜色 47 中轴突形状		

五、澳系睡莲品种介绍

（一）原生种

1．澳洲

Nymphaea atrans

命名者及年份：Surrey W. L. Jacobs（1992年）。

原产地分布：澳大利亚昆士兰州。

生长习性：白天开花，适宜温度25 ~ 38℃，<20℃易休眠。最适水深50 ~ 80cm，最深不得超过100cm。

用途：主要用于园林水景；自然花期可达5d，且花色由白色渐变为红色，瓶插花瓣不闭，适合于插花，是优良的睡莲切花育种亲本。

形态特征：根状茎菠萝形，株叶展幅2 ~ 2.3m。浮水叶卵形，长45 ~ 52cm，宽36 ~ 42cm，叶基深裂交叠，叶缘刺状锯齿，叶表面绿色（RHS 146B），背面浅褐色，叶表面光滑无毛，叶柄绿色；花萼4枚，倒卵形，半革质，外侧第1 ~ 2天红绿色，第3 ~ 5天紫红色，内侧第1 ~ 2天灰白色带蓝色，第3 ~ 5天浅粉色至粉红色，第6天后红色、花朵半沉水；花朵挺出水面，气味芳香，花蕾纺锤形，花径15 ~ 18cm，丰花，盛花期每株同时开花3朵以上，花梗第1 ~ 2天绿色，第3 ~ 5天绿褐色，无茸毛，花瓣32 ~ 35枚，外层花瓣阔卵形，花瓣先端钝形，花瓣颜色第1 ~ 2天白色（RHS 155D）带少量蓝紫色（RHS 92A），第3天淡粉色（RHS 55C），第5天红色（RHS 52B）。常可见2种以上花色的花朵同时存在，花态碗状。雄蕊440 ~ 520枚，镰刀状，无瓣化，颜色从淡黄色、橙黄色变至橙色，附属物随着花色的变化而变化，由白色变到红色；雌蕊柱头盘凹入程度浅，黄色；中轴突圆球形，浅黄色；心皮离生，心皮附属物黄色，果实苹果形，果实外表皮深绿色，种子大，椭圆形，种皮深褐色。

第1天花

第2天花

第3天花

第4天花

第5天花

第6天花

花朵开放后花色随开放时间而变化

2. 澳洲IM紫白

Nymphaea immutabilis purple form

命名者及年份：Surrey W. L. Jacobs（1992年）。

原产地分布：澳大利亚北部。

生长习性：白天开花，适宜温度25 ~ 38℃，＜20℃易休眠。最适水深50 ~ 80cm，最深不得超过100cm。

用途：主要用于园林水景：自然花期可达5d，瓶插花瓣不闭，也可用于插花，是优良的睡莲切花育种亲本。

形态特征：根状茎菠萝形，株叶展幅度2.3 ~ 2.8m。浮水或微挺水叶卵形，长50 ~ 58cm，宽40 ~ 47cm，叶缘不规则锯齿状具褶皱，叶基深裂交合，叶表面绿色（RHS 144A），背面红褐色，叶表面光滑无毛，叶柄绿色；花萼4枚，卵形，半革质，外侧绿色边缘带紫色条纹，内侧蓝紫色；花朵挺出水面，气味芳香，花蕾卵形，花径16 ~ 18cm，丰花，盛花期每株同时开花3朵以上，花梗第1 ~ 2天绿色，第3 ~ 5天绿褐色，无茸毛，花瓣32 ~ 35枚，外层花瓣阔卵形，花瓣先端钝形，外层花瓣颜色蓝紫色（RHS N88B），内层花瓣黄白色（RHS 155B），花态碗状。雄蕊440 ~ 520枚，镰刀状，无瓣化，黄色，附属物黄色（RHS 5B）；雌蕊柱头盘凹入程度浅，黄色；中轴突圆球形，浅黄色；心皮离生，心皮附属物浅黄色，果实苹果形，果实外表皮深绿色，种子大，椭圆形，种皮深褐色。

澳洲IM紫白开花状态

3. 澳洲睡莲‘白巨’

Nymphaea gigantea
‘Albert de Lestang’

命名者及年份：William J Hooker（1852年）。

产地分布：澳大利亚。

生长习性：白天开花，适宜温度25 ~ 38℃，<20℃易休眠。最适水深50 ~ 80cm，最深不得超过100cm。

用途：主要用于园林水景；自然花期可达5d，瓶插花瓣不闭，适合于插花，是优良的睡莲切花育种亲本。现在种植的个体大部分由George Pring在1946年从*Nymphaea gigantea*大型个体中选育。

形态特征：根状茎菠萝形，株叶展幅度2.1 ~ 2.7m。浮水叶椭圆形，长39 ~ 45cm，宽32 ~ 45cm，叶缘刺状锯齿微褶皱，叶基裂片深裂，狭倒V形，裂缺远基端形状锐形。叶表面绿色（RHS 144A），背面绛红色，叶表面光滑无毛，叶柄绿色；花萼4枚，卵形，半革质，外侧黄绿色带斑点，内侧黄白色；花朵挺出水面，气味芳香，花蕾阔卵形，花径17 ~ 23cm，丰花，盛花期每株同时开花3朵以上，花梗黄绿色，无茸毛，花瓣17 ~ 20枚，外层花瓣阔卵形，花瓣先端钝形，花瓣颜色外层花瓣淡蓝色（RHS N155A），内层花瓣白色（RHS 155D），花态碗状。雄蕊600 ~ 610枚，三体状，无瓣化，白色，附属物黄色；雌蕊柱头盘凹入程度浅，黄色；中轴突锥形，浅黄色；心皮离生，心皮附属物黄色，果实菠萝形，果实外表皮绿色，种子大，近圆形，种皮褐色。

澳洲睡莲‘白巨’开花状态

4. 澳洲IM蓝白

Nymphaea immutabilis blue form

命名者及年份：不明。

产地分布：澳大利亚。

生长习性：白天开花，适宜温度25 ~ 38℃，<20℃易休眠。最适水深50 ~ 80cm，最深不得超过100cm。

用途：主要用于园林水景；自然花期可达5d，瓶插花瓣不闭，适合于插花，是优良的睡莲切花育种亲本。

形态特征：根状茎菠萝形，株叶展幅度2.0 ~ 2.2m。浮水叶卵形，长34 ~ 47cm，宽25 ~ 35cm，叶缘不规则锯齿状，深褶皱，叶基裂片深、V形，裂缺基端急锐。叶表面绿色（RHS 144A），背面红褐色，叶表面光滑无毛，叶柄绿色；花萼4枚，卵形，半革质，外侧黄绿色，边缘为蓝紫色，内侧为深蓝紫色；花朵挺出水面，气味芳香，花蕾卵形，花径16 ~ 16.5cm，每株同时开花2朵以上，花梗绿色，无茸毛，花瓣39 ~ 42枚，外层花瓣卵形，花瓣先端钝形，花瓣颜色最外层花瓣深紫色（RHS N87B），内层花瓣白黄色（RHS 155B），花态碗状。雄蕊420 ~ 560枚，丝状，无瓣化，白色（RHS N155A），附属物黄色（RHS 3A）；雌蕊柱头盘凹入程度深，黄色；中轴突锥形，浅黄色；心皮离生，心皮附属物紫红色，果实苹果形，果实外表皮绿色，种子大，椭圆形，种皮褐色。

澳洲IM蓝白开花状态

5. 澳洲IM白（永恒白）

Nymphaea immutabilis white form

命名者及年份：不明。

产地分布：澳大利亚北部。

生长习性：白天开花，适宜温度25 ~ 38℃，<20℃易休眠。最适水深50 ~ 80cm，最深不得超过100cm。原生种。

用途：主要用于园林水景；自然花期可达5d，瓶插花瓣不闭，适合于插花，是优良的睡莲切花育种亲本。

形态特征：根状茎菠萝形，株叶展幅度2.2 ~ 2.6m。浮水叶椭圆形，长36 ~ 45cm，宽28 ~ 36cm，叶缘刺状锯齿状或不规则锯齿状褶皱，叶基裂片深裂相接，裂缺狭倒V形，裂缺基端形状锐形。叶表面绿色（RHS 144A），背面红褐色，叶表面光滑无毛，叶柄红褐色；花萼4枚，阔卵形，半革质，外侧黄绿色，边缘为浅蓝紫，内侧为黄绿色；花朵挺出水面，气味芳香，花蕾狭卵形，花径15 ~ 16.5cm，丰花，每株同时开花2 ~ 3朵，花梗绿色，无茸毛，花瓣27 ~ 36枚，外层花瓣卵形，花瓣先端钝形，外层花瓣背面颜色蓝紫色，其余为白色（RHS 155C），内层花瓣黄白色（RHS 155B），花态碗状。雄蕊530 ~ 647枚，丝状，无瓣化，白色（RHS N155C），附属物黄色（RHS 5B）；雌蕊柱头盘凹入程度浅，黄色；中轴突锥形，浅黄色；心皮离生，心皮附属物黄色，果实苹果形，果实外表皮绿色，种子大，椭圆形，种皮褐色。

澳洲IM白开花状态及花瓣

6. 卡本塔利亚

Nymphaea carpentariae

命名者及年份：S. W. L. Jacobs（2006年）。

产地分布：澳大利亚。

生长习性：白天开花，适宜温度25 ~ 38℃，＜20℃易休眠。最适水深50 ~ 80cm，最深不得超过100cm。原生种。

用途：主要用于园林水景；自然花期可达5d，瓶插花瓣不闭，适合于插花，是优良的睡莲切花育种亲本。

形态特征：根状茎菠萝形，株叶展幅度2.2 ~ 2.6m。浮水叶椭圆形，长32 ~ 38cm，宽26 ~ 35cm，叶缘浅锯齿状褶皱，叶基裂片基部相接，远端开裂呈V形，裂缺基端形状锐形。叶表面绿色（RHS 144A），背面绛红色（N79B），叶表面光滑无毛，叶柄红褐色；花萼4枚，阔卵形，半革质，外侧绿色布有极少量黑色斑点或无，内侧为绿色，边缘为紫罗兰色；花朵挺出水面，气味芳香，花蕾狭卵形，花径18 ~ 23cm，丰花，每株同时开花2 ~ 3朵，花梗黄绿色，无茸毛，花瓣15 ~ 18枚，外层花瓣狭卵形，花瓣先端钝形，外层花瓣背面颜色蓝紫色，内层花瓣浅蓝紫色（RHS 97B），花态碗状。雄蕊384 ~ 430枚，丝状，无瓣化，白色（RHS N155C），附属物黄色（RHS 4A）；雌蕊柱头盘凹入程度浅，浅黄色；中轴突锥形，深紫色；心皮离生，心皮附属物浅黄色，果实苹果形，果实外表皮绿色，种子大，椭圆形，种皮褐色。

卡本塔利亚开花状态及叶片

7. 蓝卡本

Nymphaea carpentariae blue form

命名者及年份：S. W. L. Jacobs（2006年）。

产地分布：澳大利亚。

生长习性：白天开花，适宜温度25 ~ 38℃，＜20℃易休眠。最适水深50 ~ 80cm，最深不得超过100cm。澳洲睡莲跨亚属杂交种。

用途：主要用于园林水景；自然花期可达5d，瓶插花瓣不闭，适合于插花，是优良的睡莲切花育种亲本。

形态特征：根状茎菠萝形，株叶展幅度2.4 ~ 2.6m。浮水叶椭圆形，长44 ~ 50cm，宽40 ~ 45cm，叶缘具锯齿状刺，叶基裂片深裂、相接、重合，裂缺基端锐形。叶表面绿色（RHS 143C），背面红褐色，叶表面光滑无毛，叶柄绿褐色；花萼4枚，卵形，半革质，外侧黄绿色带少量黑斑，内侧浅蓝色；花朵挺出水面，气味芳香，花蕾卵形，花径15 ~ 19cm，盛花期每株同时开花2 ~ 3朵，花梗绿色，无茸毛，花瓣33 ~ 35枚，外层花瓣卵形，花瓣先端钝形，外层花瓣淡蓝紫色（RHS 92B）、内层花瓣浅蓝色（RHS 97D），花态碗状。雄蕊930 ~ 940枚，无瓣化，二体状，黄白色（RHS 8D），附属物黄色（RHS 4C）；雌蕊柱头盘凹入程度浅，黄色；中轴突锥形，黄色；心皮离生，心皮附属物紫红色，果实苹果形，果实外表皮紫红色，种子大，圆形，种皮褐色。

蓝卡本花瓣、花朵及雌蕊

8. 堇色

Nymphaea violacea

命名者及年份：Lehm.（1853年）。

产地分布：新几内亚岛、澳大利亚北部。

生长习性：白天开花，适宜温度25～38℃，＜20℃易休眠。最适水深50～80cm，最深不得超过100cm。原生种。

用途：主要用于园林水景；自然花期可达5d，瓶插花瓣不闭，适合于插花，是优良的睡莲切花育种亲本。

形态特征：根状茎菠萝形，株叶展幅度1.5～1.8m。浮水叶椭圆形，长32～38cm，宽26～34cm，叶缘全缘、波状褶皱，叶基裂片浅裂、相接，裂片倒V形，裂缺基端锐形。叶表面绿色（RHS 144A），背面绛紫色（N18A），叶表面光滑无毛，叶柄绿色；花萼4枚，卵形，半革质，外侧绿色布有点射状紫色斑点，内侧为浅蓝色，边缘为紫罗兰色；花朵挺出水面，气味芳香，花蕾狭卵形，花径13～15cm，丰花，每株同时开花2～3朵，花梗黄绿色，无茸毛，花瓣20～22枚，外层花瓣狭卵形，花瓣先端钝形，花瓣浅蓝色（RHS 92C），花态碗状。雄蕊235～280枚，丝状，无瓣化，白色（RHS N155C），附属物黄色（RHS 3A）；雌蕊柱头盘凹入程度浅，浅黄色；中轴突锥形，黄色；心皮离生，心皮附属物浅黄色，果实苹果形，果实外表皮绿色，种子大，椭圆形，种皮褐色。

堇色花朵及花瓣

（二）栽培品种

1.‘婚纱’

Nymphaea ‘Hun Sha’

育种者及年份：朱天龙、谌振、杨光穗等（2017年）。

亲本品种：变色澳洲 × 白蓝星。

生长习性：白天开花，适宜温度20 ~ 30℃，＜25℃易休眠。最适水深50 ~ 70cm，最深不得超过100cm。跨亚属杂交澳系睡莲。

用途：主要用于园林水景；自然花期可达5d，瓶插花瓣不闭，颜色白色渐变红色，适合用于插花，是优良的睡莲切花育种亲本。

形态特征：根状茎菠萝形，株叶展幅度2.0 ~ 2.5m。浮水叶卵形，长35 ~ 40cm，宽32 ~ 36cm，叶缘具锯齿状刺，叶基裂片重合，远端V形，叶表面绿色（RHS 146B），背面浅褐色，叶表面光滑无毛，叶柄黄绿色；花萼4枚，倒卵形，半革质，外侧第1 ~ 2天绿色，第3 ~ 5天绿褐色，内侧第1天白色，第2天蓝白色，第3天淡粉色，第4天粉红色，第5天红色；花朵挺出水面，气味芳香，花蕾纺锤形，花径16 ~ 20cm，丰花，盛花期每株同时开花3朵以上，花梗第1 ~ 2天绿色，第3 ~ 5天绿褐色，无茸毛，花瓣32 ~ 35枚，外层花瓣阔卵形，花瓣先端钝形，花瓣颜色第1天白色（RHS 155D）、第2天蓝白色（RHS 155C）、第3天淡粉色（RHS N155C）、第4天粉红色（RHS 55C）、第5天红色（RHS 55A）。常可见3种以上花色的花朵同时存在，花态碗状。雄蕊450 ~ 610枚，无瓣化，苞片状，橙红色，附属物随着花色的变化而变化，由白色变到红色；雌蕊柱头盘凹入程度浅，黄色；中轴突圆球形，浅黄色；心皮离生，心皮附属物黄色，果实苹果形，果实外表皮深绿色，种子大，椭圆形，种皮深褐色。

‘婚纱’开花状态

2.‘蓝蝴蝶’

Nymphaea ‘Lan Hu Die’

育种者及年份：朱天龙、陈金花、谌振等（2017年）。

亲本品种：白蓝星 × 变色澳洲。

生长习性：白天开花，适宜温度20～30℃，＜25℃易休眠。最适水深50～70cm，最深不得超过100cm。跨亚属杂交澳系睡莲。

用途：主要用于园林水景；自然花期可达5d，瓶插花瓣不闭，颜色白色渐变红色，适合于插花，是优良的睡莲切花育种亲本。

形态特征：根状茎菠萝形，株叶展幅度2.0～2.5m。浮水叶卵形，长35～40cm，宽32～36cm，叶缘具锯齿状刺，褶皱，叶基裂片重合至分离呈V形，叶表面绿色（RHS 146B），背面浅褐色，叶表面光滑无毛，叶柄黄绿色；花萼4枚，倒卵形，半革质，外侧第1～2天绿色，第3～5天绿褐色，内侧第1天白色，第2天蓝白色，第3天淡粉色，第4天粉红色，第5天红色；花朵挺出水面，气味芳香，花蕾纺锤形，花径16～20cm，丰花，盛花期每株同时开花3朵以上，花梗第1～2天绿色，第3～5天绿褐色，无茸毛，花瓣32～35枚，外层花瓣阔卵形，花瓣先端钝形，花瓣颜色第1天白色（RHS 155D）、第2天蓝白色（RHS 155C）、第3天淡粉色（RHS N155C）、第4天粉红色（RHS 55C）、第5天红色（RHS 55A）。常可见3种以上花色的花朵同时存在，花态碗状。雄蕊450～610枚，无瓣化，苞片状，橙红色，附属物随着花色的变化而变化，由白色变到红色；雌蕊柱头盘凹入程度浅，黄色；中轴突圆球形，浅黄色；心皮离生，心皮附属物黄色，果实苹果形，果实外表皮深绿色，种子大，椭圆形，种皮深褐色。

第1天花

第3天花

‘蓝蝴蝶’开花状态

3.‘云海’

Nymphaea ‘Yun Hai’

育种者及年份：朱天龙（2018年）。

亲本品种：澳洲IM紫白 × 白蓝星。

生长习性：白天开花，适宜温度25 ~ 38℃，＜20℃易休眠。最适水深50 ~ 80cm，最深不得超过100cm。跨亚属杂交澳系睡莲。

用途：主要用于园林水景；自然花期可达5d，瓶插花瓣不闭，适合于插花，是优良的睡莲切花育种亲本。

形态特征：根状茎菠萝形，株叶展幅度2.7 ~ 3.2m。浮水叶椭圆形，长35 ~ 45cm，宽28 ~ 35cm，叶缘具锯齿状刺，顶端具小刺，叶基裂片深裂、部分相接，极狭倒V形，裂缺远基端形状锐形。叶表面绿色（RHS 143A），背面绛红色、边缘为绿色，叶表面光滑无毛，叶柄绿褐色；花萼4枚，阔卵形，半革质，外侧主色绿色，基部紫红色，边缘紫色，内侧蓝紫色；花朵挺出水面，气味淡，花蕾阔卵形，花径13 ~ 15cm，丰花，盛花期每株同时开花3朵以上，花梗绿色，无茸毛，花瓣35 ~ 39枚，外层花瓣阔卵形，花瓣先端钝形，外层花瓣外侧和尖端为蓝紫色（RHS N88C）向内渐变为蓝白色，内层花瓣白色（RHS 155C），花态碗状。雄蕊610 ~ 618枚，无瓣化，二体状，黄色（RHS 2D），附属物红色（RHS 52C）；雌蕊柱头盘凹入程度很浅，淡黄色；中轴突尖锥形，浅黄色；心皮离生，心皮附属物紫红色，果实苹果形，果实外表皮绿色，种子大，椭圆形，种皮褐色。

‘云海’开花状态及花瓣

4.‘粉红永恒’

Nymphaea ‘IM Pink’

育种者及年份：不明。

亲本品种：有学者认为其为*N. immutabillis*的粉花变型，应命名为*N. immutabillis* pink form；亦有学者认为其为澳洲IM紫色的突变体或自然杂交种。

生长习性：白天开花，适宜温度25 ~ 38℃，＜20℃易休眠。最适水深50 ~ 80cm，最深不得超过100cm。澳洲睡莲杂交种。

用途：主要用于园林水景；自然花期可达5d，瓶插花瓣不闭，适合于插花，是优良的睡莲切花育种亲本。

形态特征：根状茎菠萝形，株叶展幅度3.0 ~ 3.2m。浮水叶椭圆形，长33 ~ 54cm，宽27 ~ 47cm，叶缘具锯齿状刺，叶基裂片深裂、部分相接，极狭倒V形，裂缺远基端形状锐形。叶表面绿色（RHS 143B），背面红褐色，叶表面光滑无毛，叶柄绿褐色；花萼4枚，披针形，半革质，外侧主色绿色，边缘紫红色，内侧蓝紫色；花朵挺出水面，气味淡，花蕾阔卵形，花径10 ~ 12cm，丰花，盛花期每株同时开花3朵以上，花梗绿色，无茸毛，花瓣36 ~ 39枚，外层花瓣阔卵形，花瓣先端钝形，外层花瓣外侧和尖端为紫红色（RHS 71A）向内侧和基部渐变为蓝白色（RHS 155B），花态碗状。雄蕊570 ~ 608枚，无瓣化，二体状，黄色（RHS 2D），附属物红色（RHS 52C）；雌蕊柱头盘凹入程度很浅，黄灰色；中轴突锥形，浅黄色；心皮离生，心皮附属物紫红色，果实苹果形，果实外表皮绿色，种子大，椭圆形，种皮褐色。

‘粉红永恒’花瓣

5.‘海星’

Nymphaea‘Hai Xing’

育种者及年份：朱天龙（2017年）。

亲本品种：蓝星 × 澳洲IM紫白。

生长习性：白天开花，适宜温度25 ~ 38℃，<20℃易休眠。最适水深50 ~ 80cm，最深不得超过100cm。跨亚属杂交澳系睡莲。

用途：主要用于园林水景；自然花期可达5d，瓶插花瓣不闭，花色渐变，适合于插花，是优良的睡莲切花育种亲本。

形态特征：根状茎菠萝形，株叶展幅度1.4 ~ 1.8m。浮水叶椭圆形，长28 ~ 32cm，宽25 ~ 28cm，叶缘锯齿状，叶基深裂、相接，裂缺基端形状倒V形，叶表面绿色（RHS 144A），背面绛紫色（RHS N79B），叶表面光滑无毛，叶柄绿色；花萼4枚，卵形，半革质，外侧绿色带有黑紫斑，内侧蓝紫色；花朵挺出水面，气味芳香，花蕾狭卵形，花径10 ~ 13cm，丰花，盛花期每株同时开花3朵，花梗黄绿色，无茸毛，花瓣18 ~ 20枚，外层花瓣狭卵形，花瓣先端钝形，花瓣颜色蓝紫色（RHS 92C）渐变到淡紫色（RHS 93B），花态碗状。雄蕊167 ~ 210枚，二体状，无瓣化，紫红色，附属物紫红色（RHS 59B）；雌蕊柱头盘凹入程度中，黄色，中轴突尖锥形；黄色；心皮离生，心皮附属物黄色，海南地区未看到结实。

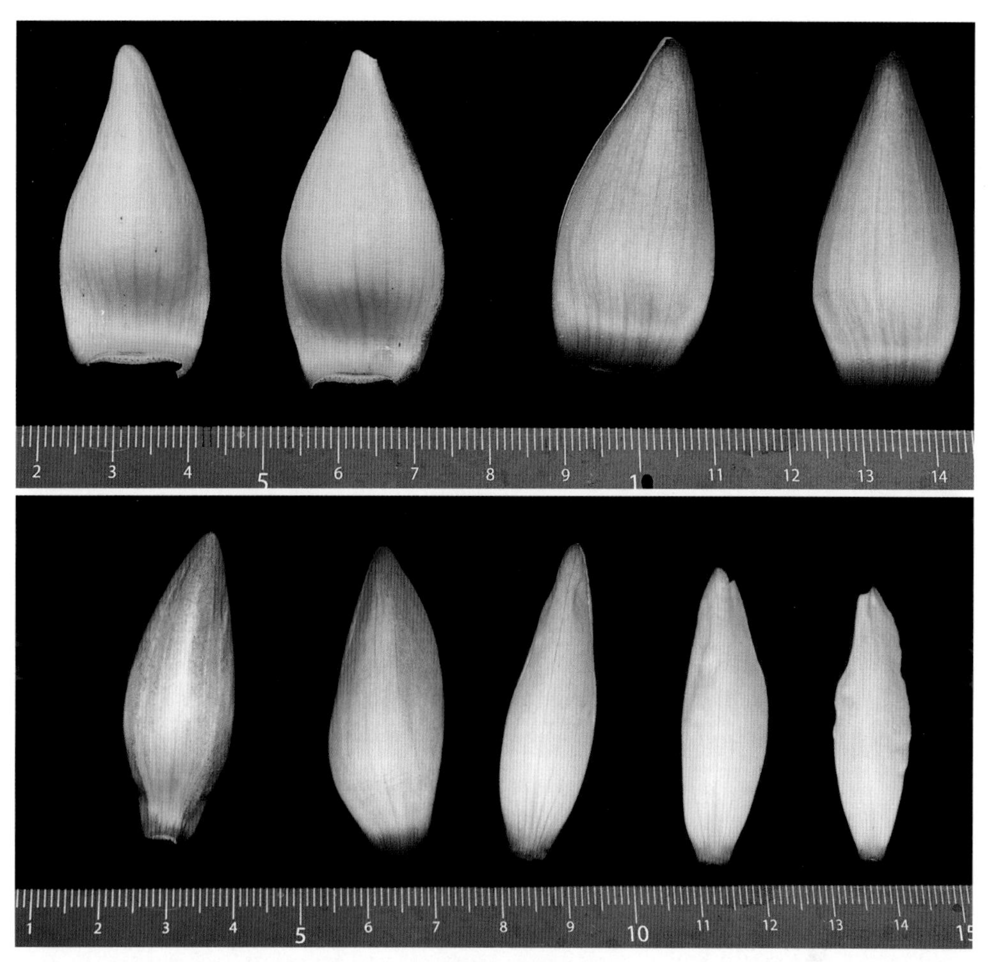

‘海星’花瓣

并蒂花

6. ‘超级紫白’

Nymphaea ‘Super IM’

育种者及年份：朱天龙（2017年）。

亲本品种：澳洲IM紫白自交后代选育。

生长习性：白天开花，适宜温度25 ~ 38℃，<20℃易休眠。最适水深50 ~ 80cm，最深不得超过100cm。澳洲睡莲栽培品种。

用途：主要用于园林水景；自然花期可达5d，瓶插花瓣不闭，适合于插花，是优良的睡莲切花育种亲本。

形态特征：根状茎菠萝形，株叶展幅度2.1 ~ 2.5m。浮水叶椭圆形，长33 ~ 50cm，宽27 ~ 44cm，叶缘具锯齿状刺，叶基裂片深裂、相接，狭倒V形，裂缺基端锐形。叶表面绿色（RHS 143B），背面红褐色，叶表面光滑无毛，叶柄绿褐色；花萼4枚，披针形，半革质，外侧主色绿色，边缘紫色，内侧蓝紫色；花朵挺出水面，气味芳香，花蕾卵形，花径10 ~ 13cm，盛花期每株同时开花2 ~ 3朵，花梗绿褐色，无茸毛，花瓣36 ~ 39枚，外层花瓣卵形，花瓣先端钝形，外层花瓣大部分为蓝紫红色（RHS 71A），最内层花瓣为白色（RHS 155C），花态碗状。雄蕊590 ~ 608枚，无瓣化，二体状，黄色（RHS 3B），附属物红色（RHS 52C）；雌蕊柱头盘凹入程度很浅，黄色；中轴突锥形，浅黄色；心皮离生，心皮附属物紫红色，果实苹果形，果实外表皮绿色，种子大，椭圆形，种皮褐色。

‘超级紫白’花瓣

雌　蕊

7. ‘贵妃’

Nymphaea ‘Gui Fei’

育种者及年份：朱天龙、杨光穗、黄素荣等（2018年）。

亲本品种：白蓝星 × 变色澳洲。

生长习性：白天开花，适宜温度25 ~ 38℃，＜20℃易休眠。最适水深50 ~ 80cm，最深不得超过100cm。跨亚属杂交澳系睡莲。

用途：主要用于园林水景；自然花期可达6d，花变色，瓶插花瓣不闭，适合于插花，是优良的睡莲切花育种亲本。

形态特征：根状茎菠萝形，株叶展幅度2.5 ~ 3.0m。浮水叶卵形，长35 ~ 42cm，宽32 ~ 36cm，叶缘具锯齿状刺，叶基裂片交叠，叶表面绿色（RHS 146A），背面绿色边缘浅紫色（RHS N18A），叶表面光滑无毛，叶柄绿色；花萼4枚，倒卵形，半革质，外侧绿褐色，内侧浅蓝色；花朵挺出水面，气味芳香，花蕾阔卵形，花径10 ~ 13cm，丰花，盛花期每株同时开花3朵以上，花梗绿色，无茸毛，花瓣35 ~ 38枚，外层花瓣阔卵形，花瓣先端钝形，花瓣颜色第1天尖端蓝紫色（RHS 93A）下部蓝白色（RHS 155C）、第3天淡粉色（RHS N155C）、第5天深红色（RHS 55A）。常可见3种以上花色的花朵同时存在，花态碗状。雄蕊420 ~ 480枚，无瓣化，二体状，上半部紫红色条纹，下半部蓝白色，附属物随着花色的变化而变化，由白色变到红色带紫红色条纹；雌蕊柱头盘凹入程度中，黄色；中轴突锥形，黄带红色；心皮离生，心皮附属物黄色，果实苹果形，果实外表皮紫红色，种子大，椭圆形，种皮深褐色。

第1天花

第6天花

第1天花、第4天花、第7天花

8.‘流苏’

Nymphaea ‘Liu Su’

育种者及年份：朱天龙（2017年）。

亲本品种：变色澳洲自交后代选育。

生长习性：白天开花，适宜温度25 ~ 38℃，＜20℃易休眠。最适水深50 ~ 80cm，最深不得超过100cm。

用途：主要用于园林水景；自然花期可达5d，瓶插花瓣不闭，适合于插花，是优良的睡莲切花育种亲本。

形态特征：根状茎菠萝形，株叶展幅度2.4 ~ 3.8m。浮水叶卵形，长35 ~ 45cm，宽32 ~ 40cm，叶缘具锯齿状刺，叶基裂片深裂、相接，倒V形，裂缺基端锐形。叶表面绿色（RHS 143C），背面红褐色，叶表面光滑无毛，叶柄绿褐色；花萼4枚，卵形，半革质，外侧黄绿色、紫红色边缘，内侧紫红色，随着开花天数的增加，紫色斑分布的范围变大；花朵挺出水面，气味芳香，花蕾阔卵形，花径12 ~ 14cm，盛花期每株同时开花2 ~ 3朵，花梗绿褐色，无茸毛，花瓣38 ~ 43枚，外层花瓣卵形，花瓣先端钝形，第1天花瓣白色（RHS 155C）、第3天粉红色（RHS 62A）、第5天粉红色（RHS 73B）基部蓝紫色，花态碗状。雄蕊792 ~ 800枚，无瓣化，二体状，附属物浅黄色；雌蕊柱头盘凹入程度浅，黄色；中轴扁饼状，黄色；心皮离生，心皮附属物黄色，果实苹果形，果实外表皮绿色，种子大，圆形，种皮褐色。

‘流苏’花朵及花瓣

9.‘澳系深紫’

Nymphaea ‘J1 Zi Bai’

育种者及年份：朱天龙（2019年）。

亲本品种：澳洲‘Jealous 1’×澳洲IM紫白。

生长习性：白天开花，适宜温度25～38℃，<20℃易休眠。最适水深50～80cm，最深不得超过100cm。跨亚属杂交澳系睡莲。

用途：主要用于园林水景；自然花期可达5d，瓶插花瓣不闭，适合于插花，是优良的睡莲切花育种亲本。

形态特征：根状茎菠萝形，株叶展幅度3.0～3.3m。浮水叶椭圆形，长35～50cm，宽32～46cm，叶缘具锯齿状刺，叶基裂片深裂、相接，狭倒V形，裂缺基端锐形。叶表面绿色（RHS 143B），背面红褐色，叶表面光滑无毛，叶柄绿褐色；花萼4枚，披针形，半革质，外侧绿色，内侧黄绿色；花朵挺出水面，气味芳香，花蕾阔卵形，花径13～15cm，盛花期每株同时开花2～3朵，花梗绿褐色，无茸毛，花瓣36～39枚，外层花瓣卵形，花瓣先端钝形，花瓣蓝紫色（RHS 93B），花态碗状。雄蕊650～662枚，无瓣化，二体状，黄白色（RHS 8D），附属物黄色（RHS 4C）；雌蕊柱头盘凹入程度很浅，黄褐色；中轴突锥形，黄色；心皮离生，心皮附属物黄色，果实苹果形，果实外表皮绿色，种子大，椭圆形，种皮褐色。

'澳系深紫'花瓣

10.‘紫贝壳’

Nymphaea ‘Zi Bei Ke’

育种者及年份：朱天龙、杨光穗、谌振等（2020年）。

亲本品种：（澳洲IM紫白 × 澳洲白巨）× 澳洲卡本塔尼亚。

生长习性：白天开花，适宜温度25 ~ 38℃，＜20℃易休眠。最适水深50 ~ 80cm，最深不得超过100cm。澳洲睡莲杂交种。

用途：主要用于园林水景；自然花期可达5d，瓶插花瓣不闭，适合于插花，是优良的睡莲切花育种亲本。

形态特征：根状茎菠萝形，株叶展幅度2.8 ~ 4.0m。浮水叶片卵形或椭圆形，长35 ~ 52cm，宽32 ~ 46cm，叶缘锯齿状，略褶皱，叶基裂片深裂，交叠，倒V形，裂缺基端锐形。叶表面绿色（RHS 144A），背面浅褐色、边缘深褐色（RHS 181A），叶表面光滑无毛，叶柄绿色；花萼4枚，卵形，半革质，外侧红褐色带紫色斑点，内侧蓝紫色；花朵挺出水面，气味芳香，花蕾卵形，花径16.5 ~ 17cm，盛花期每株同时开花2 ~ 3朵，花梗绿色，无茸毛，花瓣28 ~ 30枚，外层花瓣狭卵形，花瓣先端钝形，第1天花瓣深紫色（RHS 92B）、第5天紫红色（RHS N89D），花态碗状。雄蕊790 ~ 1 380枚，无瓣化，丝状，黄色（RHS 4C），附属物黄色（RHS 4C）；雌蕊柱头盘凹入程度浅，黄色；中轴状圆球形，黄色；心皮离生，心皮附属物黄色，果实苹果形，果实外表皮绿色，种子大，圆形，种皮褐色。

‘紫贝壳’花朵及花瓣

11.‘极光’

Nymphaea ‘Ji Guang’

育种者及年份：朱天龙（2017年）。

亲本品种：澳洲IM紫白 × 变色澳洲。

生长习性：白天开花，适宜温度25 ~ 38℃，＜20℃易休眠。最适水深50 ~ 80cm，最深不得超过100cm。澳洲睡莲杂交种。

用途：主要用于园林水景；自然花期可达5d，瓶插花瓣不闭，适合于插花，是优良的睡莲切花育种亲本。

形态特征：根状茎菠萝形，株叶展幅度2.8 ~ 3.3m。浮水叶椭圆形，长35 ~ 46cm，宽32 ~ 42cm，叶缘具锯齿状刺，叶基裂片深裂、相接，倒V形，裂缺基端锐形。叶表面绿色（RHS 144A），背面绿色渐变为紫色，叶表面光滑无毛，叶柄绿色；花萼4枚，卵形，半革质，外侧红褐色，内侧蓝紫色；花朵挺出水面，气味芳香，花蕾卵形，花径15 ~ 16.5cm，盛花期每株同时开花2 ~ 3朵，花梗绿色，无茸毛，花瓣35 ~ 38枚，外层花瓣卵形，花瓣先端钝形，由紫白变成紫红色。第1天初开外层蓝紫色，内层蓝白色，第2天、第3天变色紫红色（RHS N82A）至红色（RHS 67B），温差大，颜色更红。花态碗状。雄蕊490 ~ 510枚，无瓣化，丝状，黄色（RHS 3B），附属物浅黄色（RHS 3C）；雌蕊柱头盘凹入程度浅，黄色；中轴状锥形，淡红色；心皮离生，心皮附属物黄色，果实苹果形，果实外表皮绿色，种子大，圆形，种皮褐色。

从上至下依次为开花第1天、第3天、第5天

12.‘嫉妒’

Nymphaea ‘Envy’

育种者及年份：泰国品种。

亲本品种：未公布。

生长习性：白天开花，适宜温度25～38℃，<20℃易休眠。最适水深50～80cm，最深不得超过100cm。澳洲睡莲栽培品种。

用途：主要用于园林水景；自然花期可达5d，瓶插花瓣不闭，适合于插花，是优良的睡莲切花育种亲本。

形态特征：根状茎菠萝形，株叶展幅度2.0～2.8m。浮水叶椭圆形，长20～28cm，宽17～25cm，叶缘锯齿状，叶基裂片深裂，狭倒V形，裂缺基端锐形。叶表面绿色（RHS 144A），背面绛红色（RHS 184B），叶表面光滑无毛，叶柄绿色；花萼4枚，卵形，半革质，外侧绿色边缘带深紫色条纹，内侧深紫色；花朵挺出水面，气味芳香，花蕾卵形，花径8～10cm，盛花期每株同时开花2～3朵，花梗绿色，无茸毛，花瓣26～28枚，外层花瓣卵形，花瓣先端钝形，紫红色（RHS 77A），花态碗状。雄蕊720～750枚，无瓣化，丝状，黄色（RHS 4C）外侧为紫红色，附属物黄色（RHS 7B）；雌蕊柱头盘凹入程度中，黄色；中轴状锥形，紫红色；心皮离生，心皮附属物浅黄色，难结实。

‘嫉妒’花瓣、花朵和叶片

13.‘秋晖’

Nymphaea‘Qiu Hui’

育种者及年份：朱天龙、谌振、杨光穗等（2020年）。

亲本品种：蓝星 × 变色澳洲。

生长习性：白天开花，适宜温度25～38℃，<20℃易休眠。最适水深50～80cm，最深不得超过100cm。花渐变色，变色性能好，跨亚属杂交澳系睡莲。

用途：主要用于园林水景；自然花期可达5d，瓶插花瓣不闭，适合于插花，是优良的睡莲切花育种亲本。适合小盆栽种植，是目前最适合小盆栽的变色澳洲睡莲系列。

形态特征：根状茎菠萝形，株叶展幅度2.6～3.0m。浮水叶椭圆形，长35～43cm，宽31～38cm，叶缘锯齿状，叶基裂片深裂、相接，狭倒V形，裂缺基端锐形。叶表面绿色（RHS 144A），背面绿色（RHS 144A），叶表面光滑无毛，叶柄绿色；花萼4枚，倒卵形，半革质，外侧黑褐色边缘蓝紫色，内侧浅蓝色；花朵挺出水面，气味芳香，花蕾卵形，花径15～18cm，盛花期每株同时开花2～3朵，花梗绿色，无茸毛，花瓣28～30枚，外层花瓣狭卵形，花瓣先端钝形，第1天尖端及外侧蓝紫色（RHS 92A）、内侧蓝白色（RHS N155A），第2天为尖端紫红色，外侧蓝白色，基部粉色，内侧紫红色，花态碗状。雄蕊358～410枚，无瓣化，二体状，上半部为蓝紫、下半部为蓝白色，附属物浅蓝色带紫红色条纹；雌蕊柱头盘凹入程度浅，黄色；中轴状尖锥形，黄色泛红；心皮离生，心皮附属物浅黄色，难结实。

‘秋晖’花瓣及开花状态

14.‘白鹭’

Nymphaea ‘Bai Lu’

育种者及年份：朱天龙、杨光穗、谌振等（2016年）。

亲本品种：澳洲白巨 × 澳洲IM蓝白。

生长习性：白天开花，适宜温度20 ~ 30℃，＜25℃易休眠。最适水深50 ~ 70cm，最深不得超过100cm。澳洲睡莲杂交种。

用途：主要用于园林水景；自然花期可达5d，花变色，瓶插花瓣不闭，适合于插花，是优良的睡莲切花品种。

形态特征：根状茎菠萝形，株叶展幅度2.2 ~ 3.0m。浮水叶卵形，长35 ~ 50cm，宽32 ~ 45cm，叶缘具锯齿状刺，叶基裂片交叠，叶表面绿色（RHS 144A），背面绿色带黑色斑点，叶表面光滑无毛，叶柄绿色。花萼4枚，倒卵形，半革质，外侧绿褐色，内侧浅蓝色；花朵挺出水面，气味芳香，花蕾卵形，花径13.0 ~ 14.5cm，丰花，盛花期每株同时开花3朵以上，花梗绿色，无茸毛，花瓣31 ~ 35枚，外层花瓣狭卵形，花瓣先端锐形，花瓣颜色黄白色（RHS 157C）。花态碗状。雄蕊480 ~ 490枚，无瓣化，丝状，浅黄，附属物浅黄色；雌蕊柱头盘凹入程度浅，黄色；中轴突锥形，浅黄；心皮离生，心皮附属物黄色，果实苹果形，果实外表皮紫红色，种子大，椭圆形，种皮褐色。

‘白鹭’花瓣和花朵

15.‘龙鳞’

Nymphaea‘Long Lin’

育种者及年份：朱天龙、谌振、黄素荣等（2018年）。

亲本品种：白蓝星 × 澳洲IM紫白。

生长习性：白天开花，适宜温度20 ~ 30℃，<25℃易休眠。最适水深50 ~ 70cm，最深不得超过100cm。跨亚属杂交澳系睡莲。

用途：主要用于园林水景；自然花期可达5d，瓶插花瓣不闭，适合于插花，是优良的睡莲切花品种。

形态特征：根状茎菠萝形，株叶展幅度2.4 ~ 2.8m。浮水叶椭圆形，长35 ~ 45cm，宽32 ~ 40cm，叶缘具锯齿状刺，叶基裂片交叠，倒V形，裂缺基端锐形。叶表面绿色（RHS 144A），背面浅紫色，叶表面光滑无毛，叶柄绿褐色；花萼4枚，倒卵形，半革质，外侧绿色，内侧浅蓝色边缘蓝紫色；花朵挺出水面，气味非常淡、近似无，花蕾阔卵形，花径14 ~ 14.5cm，每株同时开花2 ~ 3朵，花梗绿色，无茸毛，花瓣46 ~ 66枚，外层花瓣卵形，花瓣先端锐形，花瓣外层尖端颜色蓝紫（RHS N88A）、下半部黄白色（RHS 196C）。花态碗状。雄蕊700 ~ 720枚，无瓣化，二体状，上半部边缘带蓝紫色条纹，花粉部分为紫红色，下半部黄白色，附属物浅黄色；雌蕊柱头盘凹入程度浅，黄色；中轴突锥形，黄带浅粉色；心皮离生，心皮附属物浅黄色，果实蟠桃形，果实外表皮紫红色，种子大，椭圆形，种皮褐色。

‘龙鳞’花瓣和花朵

16.‘立秋’

Nymphaea‘Li Qiu’

育种者及年份：朱天龙（2020年）。

亲本品种：未公布。

生长习性：白天开花，适宜温度20～30℃，＜25℃易休眠。最适水深50～70cm，最深不得超过100cm。跨亚属杂交澳系睡莲。

用途：主要用于园林水景；自然花期可达5d，瓶插花瓣不闭，适合于插花，是优良的睡莲切花品种。

形态特征：根状茎菠萝形，株叶展幅度2.4～3.5m。浮水叶椭圆形，长35～48cm，宽31～45cm，叶缘锯齿状，叶基裂片深裂，倒V形，裂缺基端锐形。叶表面绿色（RHS 144A）边缘绛红色，背面边缘紫色（RHS N187A）向内逐渐变浅（RHS N187B ），叶表面光滑无毛，叶柄绿褐色；花萼4枚，倒卵形，半革质，外侧红色，内侧黄白色嵌紫红色；花朵挺出水面，气味芳香，花蕾卵形，花径10～13cm，盛花期每株同时开花2～3朵，花梗绿色，无茸毛，花瓣160～168枚，外层花瓣卵形，花瓣先端锐形，外层花瓣蓝紫色（RHS 90A）、MW 内层浅紫色（RHS N82D），花态碗状。雄蕊全瓣化；雌蕊柱头盘凹入程度浅，橘黄色；中轴状圆球形，黄色；心皮离生，心皮附属物黄色。本品种目前为世界第一款全瓣化的澳洲睡莲。

花　瓣

雄　蕊

叶　片

六、澳系睡莲种苗繁育

澳系睡莲的繁殖方法主要有播种繁殖、分株繁殖和组培繁殖。播种繁殖速度快，繁殖量大，但后代个体性状分离比较大，主要用于原生种的品种保存和杂交育种培育筛选优良品种。分株繁殖：繁殖速度慢，但后代性状与母本一致，主要用于优良品种的扩繁。组培繁殖量大、种苗整齐、优良性状保持良好，是当下研究和应用的热点。

1.播种繁育

(1) 授粉育种

澳系睡莲原生种易结实，自然结实率比较高，通常播种进行繁殖。澳洲睡莲原生种植株冠幅宽大，株型松散，花瓣较少，颜色主要为白色、淡蓝色和淡紫色，颜色单调，且对温度、养分较为敏感，低于25℃或稍有营养不良，就比较容易休眠，开花期较短。为了获得澳洲睡莲的花型，株型紧凑、花期长、易于种植和繁殖的优良特性，笔者通过人工授粉将澳洲睡莲进行种间或与其他亚属的睡莲进行杂交，获得杂交后代，从中筛选目标性状优良的单株，以丰富澳洲睡莲的花型、花色及雄蕊，使杂交后代更容易种植和繁殖，例如澳洲睡莲‘蓝巨’与小型广热带睡莲杂交获得的‘蓝蝴蝶’，其株型紧凑，冠幅小，易分株，花型小，是优良的盆栽品种。

澳系睡莲人工授粉，以澳洲睡莲及其跨亚属杂交后代为母本，根据育种者的需求采用种内品种或其他亚属品种作为父本，选取生长健壮的母本植株，在开花前一天将母本花蕾进行套袋隔离，在母本开花第1天的早晨8—10时，用吸管采集母本的柱头液，将父本的花粉放入母本柱头液中混合制成授粉液，授粉时先将母本花朵的雄蕊去除，用吸管将柱头液吸干，然后将制好的授粉液滴入柱头，授粉结束后继续套袋隔离，授粉成功的花朵就会闭合，并且第2天不再开花，逐渐沉入水中生长，25 ~ 35d后果实成熟。在实践过程中，发现热带睡莲亚属间杂交比较容易成功，与耐寒睡莲属间杂交还有待探讨。

授粉后套袋

授粉成功后花朵闭合

授粉成功后沉入水中生长

澳系睡莲果实

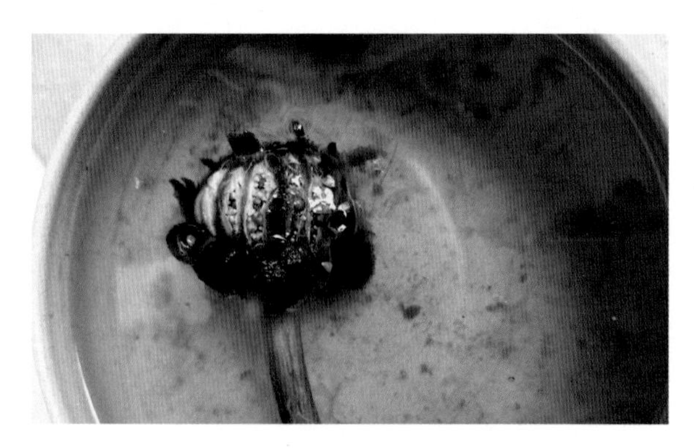

成熟自然爆裂的澳系睡莲果实

(2) 种子收获与储藏

澳系睡莲的果实为苹果形，授粉成功后沉入水中生长，成熟果实颜色为黄绿色，当发现果实开裂时，即可将果实套袋从水中捞出，放入盆中，在盆中连套袋一起进行揉搓，使种子与气囊分离，然后将种子倒出，进行淘洗，即获得种子。在海南，澳系睡莲播种期为4—11月，可以随采随播，需要储存到第2年播种的种子，可将种子铺开晾干表面水分收集于封口袋或瓶子中，或收集于装水的瓶子中，置于5～8℃的遮光环境中，在海南热带地区主要放在冰箱保鲜室进行保存。

晾干澳系睡莲种子表面水分

‘变色澳洲’睡莲种子

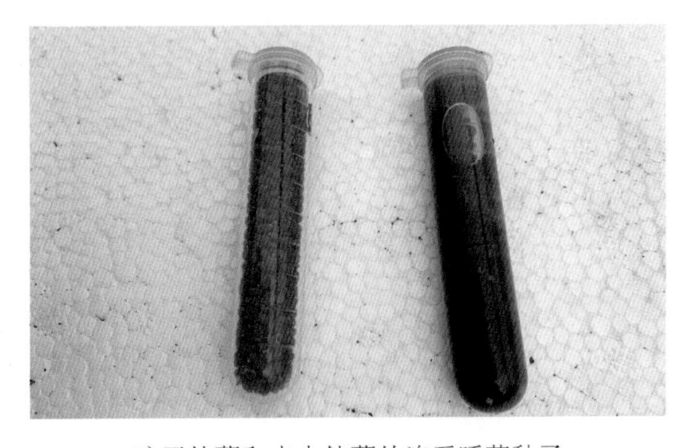

晾干储藏和水中储藏的澳系睡莲种子

（3）播种育苗

①环境要求。澳系睡莲播种育苗选取阳光充足地块，有条件的可以采用薄膜防雨大棚，比较有利于播种前期的水位管理，尤其是7—10月多雨季节。

②容器选择。澳系睡莲播种容器根据杂交后代种子数量，数量多的选择盆径50～60cm无孔大塑料盆直接播种，数量少的选择盆径25～30cm有孔小塑料盆播种，再将小盆放入无孔的大盆中，简易的方法可以放入盛水的泡沫箱中。

大盆直播育苗

小盆+泡沫箱简易方法育苗

③育苗基质。睡莲播种基质要求肥沃黏质壤土，大田种植的苗圃可以采用肥沃的塘泥，容器种植的苗圃需要提前配制基质，配制比例为壤土（园土）：牛粪：复合肥8 ： 2 ： 1，每立方米基质加入复合肥（15 ： 15 ： 5）1 ~ 2kg，牛粪要求充分腐熟，基质配好后堆沤1 ~ 2个月。播种前先将基质装好，大盆基质厚度10 ~ 15cm，小盆装到盆水线的位置，基质装好后配制基质需放入水中吸饱水分进行泥化备用，播种前1 ~ 2d，将装好的基质沥干盆中水分，晒1 ~ 2d太阳，进行消毒并晾干一些水分，使基质呈半干泥浆状态，即可播种。

④播种。澳系睡莲种子发芽的适宜温度为26 ~ 32℃，夏季高温季节。可以随采随播。直接将种子播于泥浆状的基质中，播种密度参照口径25cm的小盆播种50粒/盆计算，种子播完后，将种子按入泥浆下0.5cm的深度，抹平泥浆，晾晒2 ~ 3天，待基质结硬成块状，即可在大盆中注入水，或将小盆沉入大盆等容器中，这样可以保证水流不会冲刷移动种子，注水深度为高出基质2.5 ~ 5.0cm。

将种子播于抹平的泥浆上

对于上一年储存的种子，第2年早春播种，温度不是很高的情况，种子需要解除休眠，进行播种前催芽，有助于提高种子的发芽率，催芽适宜温度为32℃。制作一个加温水槽，可以在水槽中安装上养鱼用的加温装置，使水温加到26 ~ 32℃，将种子放入装水的封口袋或瓶子中，然后投入到加温水槽中。经过2 ~ 4周的催芽，有30% ~ 40%的种子开始萌发，即可将种子播入花盆中，催芽的种子播好后，要用事先准备好的沙子覆盖，厚度0.5 ~ 0.6cm，然后小心注入水或

将种子与1 ~ 2cm深的泥浆混合

混合抹平后的育苗盆

沉入水中，防止水流冲刷种子，注水高度2.5 ~ 5.0cm。

⑤播种后养护。澳系睡莲播种2周左右开始萌发，3 ~ 4周后，有部分种苗长出3 ~ 4片2 ~ 5cm的浮水叶，此时应及时地将幼苗移植到10cm花盆中，以后每隔10 ~ 15d要检查移植一次，为后发芽的小苗腾出生长空间。移植到小盆中的小苗生长3 ~ 4周，叶片直径达到15 ~ 20cm时，即可将苗移植到

播种后晾晒2 ~ 3d

15 ~ 20cm的盆中，栽培3 ~ 4周可以长成开花成品苗，育苗环境水深为基质以上20 ~ 40cm，根据植株叶片长短大小，逐步增加水深度，利于叶片浮出水面进行光合作用。

澳系睡莲幼苗

2.分株繁育

澳系睡莲的分株繁殖是通过植株种球休眠，再对休眠球进行催芽分株，以获得多株与母本性状完全一致的小苗。

（1）休眠球获得

澳系睡莲休眠球的获得可采用自然休眠和人工休眠两种方法。自然休眠主要应用于一些不耐寒的品种，当温度低于20℃时，植株叶片就会从老叶开始自然黄化枯萎，形成休眠种球，如‘澳洲紫白’。人工休眠主要采用植株“营养胁迫”促进休眠的方法，一般当年生实生苗定植于15 ～ 20cm花盆中3 ～ 4周即会开花，此时我们可以对植株的花色和花型进行筛选，如果确定为优良品种需要扩繁，就可以采取停止施肥的方法，消耗植株营养，并且每周将盆底露出的根系去除，这样经历6 ～ 8周的时间，老叶开始黄化，新生叶柄出现扭曲，生长点停止生长，植株逐步进入休眠状态，形成休眠球；对于种植大盆的开花成年植株，首先需要将植株移植到小一些规格15 ～ 20cm盆径容器中，然后采取同上的消耗养分措施，即可获得休眠球，种球越大，获得分株苗数越多。

逐渐休眠的澳系睡莲

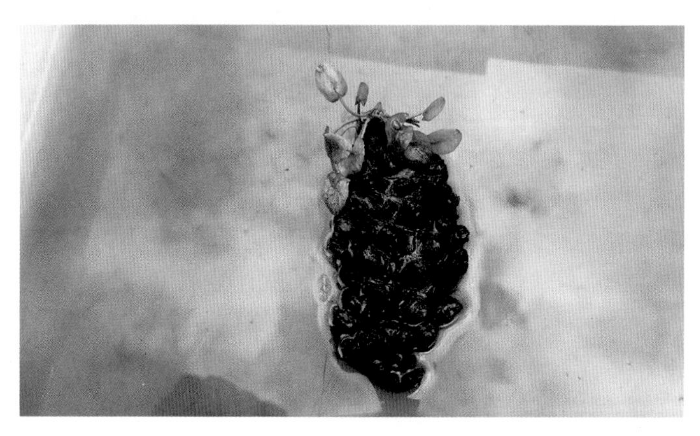

成年开花植株低温胁迫形成休眠球

成年开花植株低温胁迫形成休眠球

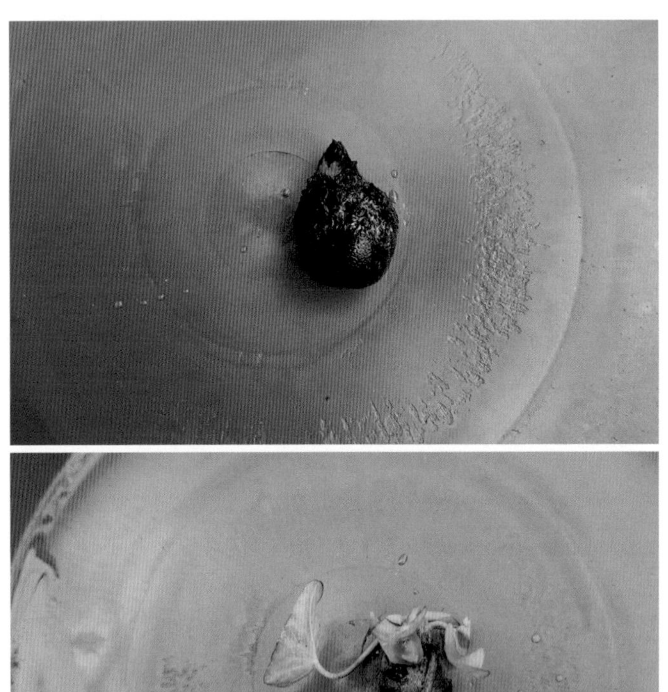

当年实生苗营养胁迫形成休眠球

澳系睡莲成苗断根营养胁迫促进植株休眠

（2）休眠球储藏

在冬季温度高于10℃的海南等热带地区，休眠的澳系睡莲种球可以在盆中安全越冬，将休眠球盆栽水位降至10cm深度即可安全越冬。在低温严寒地区需要采用塑料密封袋储存。将休眠球从泥土中取出洗净，分袋间隔储存有利于防止个别种球腐烂传染病菌，每个袋子放2～4个，种球周围用半湿润的泥炭土包裹保湿，泥炭土湿度掌握在紧握不滴水、成团，触之即散的程度，装好后排出袋中空气紧封好袋口，并将多余的塑料袋口部分打成卷，确保袋中水分不丢失。装好后放入有盖子的储物箱内，休眠球有丰富的淀粉，防止老鼠嚼食。休眠种球室内储存的适宜温度为18～22℃。

（3）休眠球育苗

①休眠球催芽。休眠球萌发的适宜温度为26～32℃，在海南4月温度已经升到适宜温度，将休眠球取出洗净，放在露天盛有水的容器中，容器水深30～45cm，底部垫10～15cm基质，有利于培育幼苗丰富根系。幼苗萌发有的种球3周即开始，有的需要2个月。从幼苗萌发到开花植株的生长周期是4个月，如果想在早一些时间开花，就需在2月进行加温催芽，将洗干净的休眠球放到加水的封口袋中封好，然后将封口袋放入有加温棒的水槽中，水槽水温控制在26～32℃，催芽环境应在全光照的防雨大棚中进行，有利于萌发后的幼苗叶片进行光合作用，种苗健壮，生长速度快，根系多。

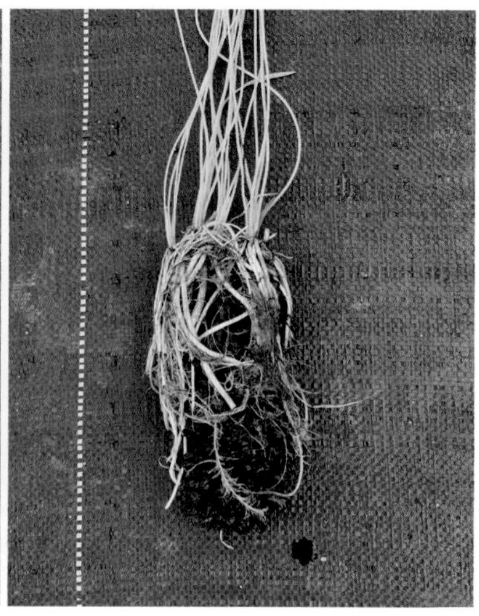

休眠球萌发小苗

②分苗移栽。当种球上的萌芽长有3片以上小叶同时具有丰富根系时，就可以进行分株移栽。一个种球上会有一株或多株幼苗，分株在水中进行，可以减少分株的摩擦和机械损伤，利用一根20 ~ 30cm的细竹棍可以帮助梳理幼苗的叶片和根系，分株时先从种球边缘的小苗开始，最后分大苗，用竹棍从基部将幼苗与苗丛间隔开，然后抖动苗丛，竹棍从基部向叶片上部滑动，将幼苗与苗丛分开。分好的幼苗根据叶片的大小，分级整齐摆放，放在湿润阴凉的地方，随分随种，不能及时种植的幼苗要放入水中。叶径2 ~ 5cm的小苗种植在10cm的盆中，浮水叶径5cm以上的，种植在15 ~ 20cm的盆中。

3.组培繁育

（1）外植体消毒方法

于晴天取健康无病虫害的睡莲块茎，将睡莲块茎表面清洗干净后用尖镊子把根块茎表面的根毛夹掉，再用洗衣粉洗干净，再用水冲洗30min，置于超净工作台消毒。将处理干净的外植体放在操作台里用75%的乙醇浸泡1min，灭菌水洗3 ~ 5次备用。将外植体加入0.1%升汞溶液，置于100r/min的摇床中摇15min，倒掉升汞溶液，用无菌水清洗3 ~ 5遍，用无菌水浸泡5min，去除外植体里的升汞溶液，以免毒害外植体，增加褐化率，再用无菌水清洗3 ~ 5次，用无菌滤纸吸干水分，用手术刀去除根块茎外面一层接触升汞的块茎表面，接种到培养基上。

（2）睡莲根块茎的诱导方法

将消毒好的睡莲根块茎去除一表层接种到诱导培养基中（MS+6-BA 2mg/mL+IBA 0.5mg/mL+S106 1mL）培养基中诱导,接入块茎的培养基中添加无菌水（刚好没过块茎表面）模拟睡莲的生长环境，置于28℃培养室先暗培养5 ~ 7d，再置于28℃，光照强度4 000lx，光周期为10 ~ 14h/d培养条件下进行培养。

（3）睡莲增殖苗的继代培养

将诱导的睡莲增殖芽一分为二、一分为三或一分为四（视增殖芽大小而定）接种到增殖培养基（MS+6-BA 3mg/mL+IBA 0.5mg/mL+S106 0.5mL）里继代培养，继代培养基中同样添加无菌水（刚好没过块茎表面）模拟睡莲的生长环境，置于28℃培养室先暗培养5 ~ 7d，再置于28℃，光照强度4 000lx，光周期为10 ~ 14h/d培养条件下进行培养。

（4）睡莲组培苗生根

将诱导出长至3 ~ 5cm的组培苗分成单株接种到生根培养基中（MS+IBA 0.5 mg/L）进行壮苗生根培养，生根培养基为半固态培养基，置于28℃培养室先暗培养2 ~ 3d，再置于28℃，光照强度4 000lx，光周期为10 ~ 14h/d培养条件下进行培养。

外植体

外植体消毒

诱　导

增　殖

生　根

4.种苗运输

澳系睡莲种苗运输采用塑料袋密封保湿+泡沫箱或纸箱防止挤压进行包装运输。澳系睡莲移植运输需要保留大部分的叶片和根系，小苗运输需带基质，用塑料袋密封保湿运输，包装时去除塑料盆，将基质团紧密叠放，防止松动，造成机械损伤。开花苗运输采用裸根运输，将苗泥土洗净，保留15 ~ 20cm根系进行剪截，保留5 ~ 6片新叶，摘除多余老叶，将塑料袋套入泡沫箱内，然后将种苗紧密叠放在塑料袋中，扎紧袋口保湿，然后密封泡沫箱，夏季运输需放入冰袋防止高温烧苗，冰袋要裹上报纸隔离，防止直接接触冻伤植株。运输路途不超过3d，收到苗后及时种植，有利于植株迅速恢复。

睡莲种苗包装运输

七、澳系睡莲高效栽培技术

（一）澳系睡莲生长习性

澳系睡莲喜阳光充足，通风良好的生长环境，喜富含有机质的土壤，土层厚度20 ~ 40cm，适宜水深30 ~ 80cm，开花温度为26 ~ 32℃，低于18℃开始休眠，3—4月种球开始萌发生长，5—11月为开花期，每朵花开2 ~ 7d，花后结实，11—12月为茎叶枯萎期，1—2月为种球休眠期，翌年春季又重新萌发。在海南部分耐寒品种可周年开花，部分跨亚属杂交种周年开花。

（二）种植

1.品种选择

澳系睡莲种植品种选择根据栽培目的不同，选择适宜的品种。池栽品种要求株型冠幅大型，叶片冠幅开展丰满，同时开花数量2 ~ 3朵，花型大、颜色丰富的品种；盆栽品种选择株型冠幅中小型，叶片冠幅紧凑丰满，同时开花数量2 ~ 3朵，花朵大小、花型、颜色丰富各异；切花品种要求花梗长40cm以上，花梗直立，不弯曲，花瓣厚实耐插，瓶插期5 ~ 7d，株型适中，单位面积产花量高，花色丰富。

2.池塘种植

澳系睡莲池塘种植分为直接种植或池塘-盆栽套种，水深要求30 ~ 80cm，直接种植要求土层厚度30 ~ 40cm，将种苗直接种植在塘泥里，在泥中挖一个

30cm × 30cm × 30cm的种植穴，将种苗根部放入穴中，让根系自然散，然后将周围的淤泥覆填到穴中，种苗种植稳固后，再将种苗叶片在水面自然散开，种植初期将水深控制在约30cm，待种苗生根后叶片开始生长，可以逐步调节水位至正常深度，对植株进行正常施肥管理。

池—盆套种是根据水池的大小，选择不同塑料盆种植，小池选择将种苗种入30 ~ 40cm盆径盆中，然后将盆栽放入池塘中；水池空间充足情况，宜选择塑料盆规格40 ~ 60cm，澳系睡莲大冠幅可以达到3.5 ~ 5m，塑料盆选择底部有孔的花盆，有利于睡莲根部在水中呼吸，根部不易腐烂。

澳系睡莲池塘直接种植

池—盆种植

3.盆栽种植

澳系睡莲容器种植有瓦缸、瓷缸或大型塑料盆，水深要求20～60cm，种植方法有直接种植或池—盆套种或大盆—小盆套种。大盆直接种植采用无孔大盆缸，盆径60～150cm，盆高35～100cm，种植时直接在底部垫15～30cm的营养基质，将苗直接种植于大盆中，直接种植的澳系睡莲生长健壮，追肥施用方便，但更新换盆大盆操作比较困难；大盆—小盆套种是将大盆或缸用于盛水，将澳系睡莲种植于25～35cm的有孔塑料盆或美植袋中，再沉入大缸盆中，此法种植操作轻便，有利于运输和更新种植，但种植植株根系受限，植株和花朵相对会小一些。

盆栽直接种植

大盆—小盆套种

盆栽种植时将盆中泥土向盆的一边挤压，空出盆约一半的空位，然后将种苗根部放入，让根系紧贴土壤面，让根系自然散开到盆底部，然后用土壤填充空余部分稳固植株。澳洲睡莲喜富含有机质的肥沃土壤，盆栽选择肥沃的稻田土或塘泥，塘泥装好盆后，在阳光下晒两三天以后再使用，利于杀死土壤中的病菌。选择黄心土或园土做基质，需要提前配制和发酵，按黄心土（或园土）：腐熟牛粪（或鸡粪）：复合肥比例为$1m^3$ ： $0.1m^3$ ：2 kg，充分拌匀，用薄膜覆盖发酵1 ~ 2个月，其间翻堆2 ~ 3次，使基质充分发酵。

4.更新换盆

澳系睡莲成年开花植株在营养充足情况下，每叶腋会抽生一个花朵，随着叶片花朵不断生长，植株球茎不断向上生长，生长点不断提高，基部老根老化、腐烂，近生长点会不断长出新根，当生长点离土面距离太远，新根无法扎入泥土时，植株开始营养不良，叶片变小，此时植株就应该进行更新重新种植，池塘种植的植株由于球茎可以倒伏使生长点接近土面进行自我更新，因此可以1 ~ 3年进行一次更新种植；盆栽植株一般根据品种及盆大小不同，6 ~ 12个月进行一次更新种植，更新季节应在春季三四月以后，秋季10月以前换盆比较适宜，秋季温度低于21℃换盆，有的低温敏感澳系睡莲品种根部损伤生长受阻，易发生植株休眠结球现象。

更新时要将苗连土拔出，在水中淘洗掉根部泥土，露出根系，球茎老化部分切除，根据植株大小留生长点以下5 ~ 15cm的球茎，根系剪切留10 ~ 15cm，

刚移植换盆的澳系睡莲

移植半个月后

然后种入新盆土中，深度以露出生长点为宜，温度适合1周后开始长出新根，1个月后恢复正常开花。

（三）切花种植

1.场地选择

澳系睡莲生长开花适宜温度在 18 ～ 35℃，在海南地区均可种植，部分品种冬季12月至翌年3月会出现冬季休眠现象；属强光照植物，喜光，正常开花需保持8h以上光照；水体要求水位稳定，水流迟缓流动，水深随品种大小的不同而有所差异，一般保持在50 ～ 80cm。场地选择时要四周开阔无遮挡的池塘、水田等有排水落差的土地，土壤厚度要求≥ 30cm，同时要考虑水源地近，水位易于控制的位置。

2.造田整地

睡莲造田整地，首先将水排干，将地耙平，根据水位要求做好田埂，田埂高60 ～ 80cm；根据种植池的地势设置排灌系统，在进水和排水方向的田埂安埋一条直径 200 mm PVC管，在池的出水口安装水位限位装置，用于控制睡莲苗圃的水位，田埂内侧的进水口应略低于池底。

种植前整地前先将水排尽，按照150 ~ 450kg/hm^2的用量洒熟石灰消毒，然后一犁一耙将石灰与土壤拌匀，晒田至土层表面发白开裂后灌水，泡水2 ~ 3d，然后施入基肥，每亩腐熟牛粪1 ~ 3t，复合肥（15—15—15）450 ~ 750kg/hm^2，一犁一耙将肥拌入土中，翻耕耙平，深度20 ~ 30cm，种植前施入采用茶籽饼或杀螺药清除田内的螺、食草鱼等。

围埂造田与预留排水口

3.种植

切花睡莲种植一般一次种植可以连续3年采收，种植时间为每年 3—4月为最佳，种植密度依品种而定，行距为（1.0 ~ 1.5）m × 2m，种植密度为4 500 ~ 6 000株/hm^2。

采购回来的种苗种植前应进行清理和清洗干净，剪除老根，彻底清除叶片背面和叶柄的卵块、水苔、水草等，然后用0.1%的多菌灵浸泡消毒处理。种植前先放水入地块，使泥土保持湿润，依据睡莲种苗（球茎）大小开种植穴，保持芽点向上，将根部捋顺后垂直压入泥土中，覆土填充种苗周围空洞，稳固种苗不漂浮，深度以生长点露出土面为宜。种植后约20d后进行查苗，成活的已有新根长出，对已死亡的种苗进行补种。

切花定植

澳系睡莲优良切花品种‘紫贝壳’

澳系睡莲优良切花品种‘紫贝壳’

（四）养护管理

1.水位的管理

水位管理：在幼苗种植初期，水位应控制在以水面不浸没植株叶片为宜，保持15 ~ 25cm水深，以利于提高水温、土温，促进根系生长和早期发新叶，当叶片开始生长，可以逐步提高水位至所需深度，切花水深应有40cm以上。日常水位管理，要保持水位稳定，睡莲在平静、无急流且水位相对稳定的水体中生长良好；其叶柄可随着水位的加深而延伸，但当水位回落时，却不能缩回，致许多叶片搁浅枯死，应时时观察水位，及时灌水谨防叶片搁浅，在全生长期内应保持水位的稳定性。忽高忽低影响植株生长及切花质量，在台风暴雨过后，需及时排水，否则因水位过高，将导致幼苗缺氧死亡。

2.施肥管理

澳洲睡莲生长季节4—5月开始收获切花，为了保证切花产量和质量，要勤肥薄施，有机肥结合缓释肥施用，有机肥一年施1 ~ 2次，初春3月和6、7月各施1次，施用腐熟的鸡粪或牛粪，每株200 ~ 300g；缓释肥（16-16-16）每1 ~ 2个月追施1次，每株30 ~ 50g，施用时将肥料用废报纸或草纸包裹成肥料包，压入离植株基部10 ~ 20cm的土中。有机肥可以制成肥料块进行施用，采用腐熟的鸡粪：塘泥：复合肥1 ∶ 1 ∶ 0.1制成混合泥浆，铺开5cm厚的片状，晾干成形后切成5 ~ 10cm的肥料块施用。施肥时要将肥料包压入土壤以下10 ~ 20cm，覆盖土壤以下，有机肥应深施一些，忌肥料暴露水中，使水体富营养化，造成水藻危害。

3.清洁水体

在睡莲种植池内常会因水体富营养化而生长较多的水草、浮萍、藻类，其生长速度快，挤占水体，阻止阳光进入水体，严重影响睡莲展叶和开花，需及时用人工捞除，预防方法是施肥要采取薄肥勤施，肥料要施入土壤以下覆土深一点。定期清除凋谢的花朵、枯黄及病虫危害的叶片，有利于增加植株透光性，减少病虫害传播，增进美观且保持植株清新，及时拔除杂草。生长中后期植株密度过大，叶片相互交叉重叠，可将叶片适当修剪。

水体富营养化生长藻类

4.病虫害防治

澳系睡莲抗性强，一般正常栽培条件下，较少发生病原性病害，主要为生理性病害，由于植株老化或营养缺乏造成的生理性黄叶，通过更新换盆和补充追肥即可恢复正常。主要危害为虫害，主要有斜纹夜蛾、蚜虫、水螟、螺类、食草鱼类及蝌蚪。防治方法是及时发现，及时喷施药剂，防止虫害大量发生。

斜纹夜蛾主要嚼食叶片和花朵，造成叶片、花朵残缺不全，严重时整个叶片和花朵被吃光。水螟主要嚼食叶片，形成孔洞，严重时叶片造成支离破碎。斜纹夜蛾和水螟防治方法：利用幼虫多在黄昏及夜晚活动，可利用其趋光性，在睡莲种植园装杀虫灯等或糖醋液（糖：醋：水＝3 ：1 ：6）诱杀成虫，或在虫害发生初期，1 ～ 3龄幼虫期，喷施48%毒死蜱1 000 ～ 1 500倍液或2.5%溴氰菊酯乳油2 000 ～ 3 000倍液，间隔5 ～ 7d喷施1次，连喷2 ～ 3次，喷药时间安排在傍晚最佳。

斜纹夜蛾危害

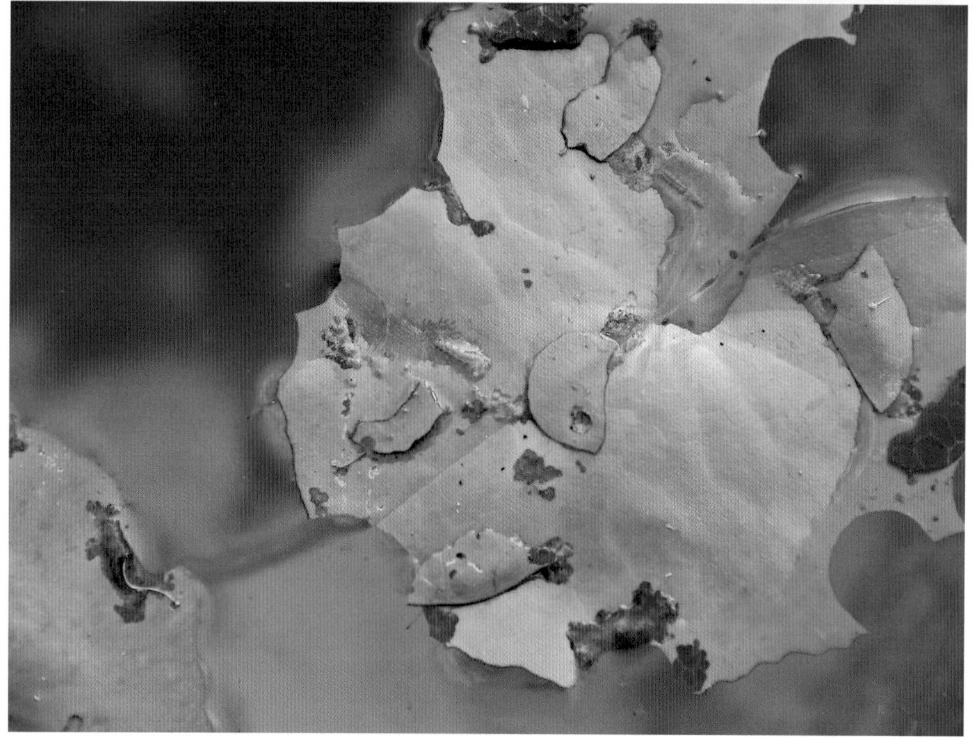

水螟危害

蚜虫主要危害花苞、花梗和花朵，造成花朵扭曲变形。防治方法：发病时用10%吡虫啉可湿性粉剂2 000倍液或25%的抗蚜威可湿性粉剂3 000倍液或20%啶虫脒可湿性粉剂3 000倍液喷施，间隔5 ～ 7d，喷2 ～ 3次。

蚜虫危害

食草鱼类、螺类在水中啃食睡莲叶片和花朵，严重时可以把植株叶片吃光。防治方法：鱼类、蝌蚪采用可用茶籽饼45 ～ 60kg/hm^{2}加温水750kg/hm^{2}浸泡1个晚上，取其滤液喷杀，或使用鱼塘清塘药剂灭杀鱼类；螺类可采用20%贝螺清稀释1 000倍液喷施。

鱼类啃食叶片

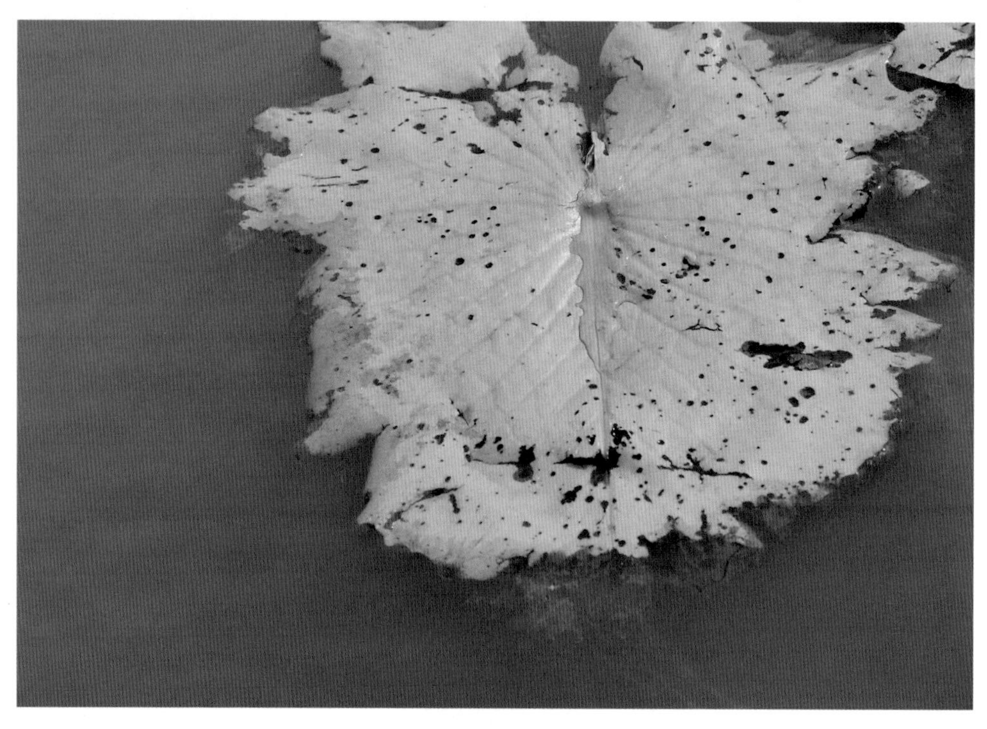

螺丝类嚼食叶片

八、切花采收、保鲜与包装、运输

1.切花品种的选择

当前睡莲产业主供‘蓝鸟’、‘黄九品’等20世纪50年代培育的，以水体景观为设计场景的品种，花型瘦、茎干细。为了发掘和培育适宜切花用的睡莲，采集研究超过18个品种的10余个性状指标构建灰色关联度。研究结果发现诸如主干强度、充实度、弯折度等茎干性状指标是切花一级关联度指标，单花重量、花瓣厚度等花性状指标是次级关联度指标。并以灰色关联度评分得到‘白鹭’‘紫贝壳’‘贵妃’等澳系睡莲是更合适的切花睡莲品种。

2.采收

澳系睡莲花苞出水后需3 ~ 4d才开放，单朵自然花期为5 ~ 7d，为了延长瓶插观赏期，应采收开花前一天或当天的花朵，于清晨3—5时太阳升起前采收，当花苞露出水面10 ~ 20cm时，花苞饱满，用手捏花苞上部2/3 位置处，花苞柔软不硬实即可采摘，花梗要求长度约 40cm以上，采收的切花应及时送进包装车间进行包装。澳系睡莲的花具有昼开夜合的习性，切花后依旧具有运动能力，闭合的花可以通过给予少许的光照促进睡莲花张开；一直维持在全黑环境，花则会停留在当前的开合程度。

3.保鲜

经过对睡莲切花保鲜液的筛选研究，尽管睡莲并非极端的乙烯敏感，但乙烯抑制剂1-MCP仍是当前效果最佳的保鲜剂选择。除此之外，羧甲基壳聚糖、高脂膜粉等作为营养类保鲜液的效果最佳。以50mg/L GA预先2h处理可减少花茎弯曲情形。上述3种保鲜剂分别从抗乙烯、营养、抗弯折等方面一起延长睡莲切花寿命，可延长睡莲切花寿命2d。

4.包装与运输

睡莲包装车间应为空调车间，温度控制在18 ~ 24℃，有利于睡莲保鲜，采收后的睡莲切花根据花梗粗度大小分级捆扎，10枝/扎，花苞套上泡沫网袋，以报纸或其他包装材料捆扎后将基部用利刀统一切整齐，叠放在纸箱中。睡莲采用冷链运输，冷链汽车运输车温度控制在8 ~ 12℃，空运包装箱内应放冰袋，切花运输应尽快到达，时间以24h内到达为宜，最多不超过48h。

切花包装

睡莲切花包装